U0113137

编著／戴　菲

视频实战基础

上海人民美术出版社

目录

前 言

当代数字技术的发展让我们经历了一场史无前例的视觉革命。这场视觉革命的滥觞从摄影术开始，历经了电影、电视、DV、数字技术、高清影像、3D 动画，以及虚拟技术等，人类获得了前所未有的视觉体验，使得观众完全沉浸在一个真实与虚拟混淆的世界中，产生了奇妙玄幻的身心体验。

同时，新技术的进步大大降低了器材操作的难度。与过去相比，仅以视频器材为例，它不仅添加了许多人工智能辅助，而且还简化了很多专业化的操作，使得拍摄过程变得易如反掌。尤其是高速互联网与手机的结合，影像拍摄几乎变成了一种大众的视觉玩具。无须任何学习，只需轻按触屏，影像便水到渠成地展现于眼前。

然而，我们在日常使用中却发现，拍摄效果常常并不能让人满意。因此我们乐此不疲地更新型号、提升器材，却感觉出现的问题始终如出一辙。究其原因，虽然我们已经意识到器材的优劣决定了画质和性能的好坏，却无法改变呈现的效果和音画魅力。于是如何拍摄影像、如何掌握影像规律、如何通过影像体现想法，并最终如何应用影像与观众交流成为初学者心中一直以来的困惑。

基于此，本书为学习拍摄的初学者和家庭用户开辟了一条前往影像殿堂的捷径。首先，本书尝试编排了全新的体例与内容，为数字时代的读者提供了分散阅读的便利；其次，本书根据新技术的发展引入了许多全新的拍摄器材和操作方法，使得全书能够跟上数字时代发展的步伐；再次，本书增添了许多新颖的配图，让读者在阅读时能够提高学习的效能。简言之，本书是一本从架构到内容直至图片都做过精心编排的基础类视频书籍，旨在帮助读者从简单的知识入门，快速有效地通过全书的学习，从业余拍摄走向专业领域。

刚起步的新手阅读专业书籍并融会贯通，这听上去简直不可思议。但通过本书的介绍，初学者不仅可以培养对于拍摄的兴趣与信心，同时还能深入浅出地学习各种视频知识和拍摄观念。

如果你是一位准备进行专业深入的读者，本书能让你与今后的专业知识相互衔接，成为你职业起步的助手；而如果你是一位家庭用户，本书则能让你在享受拍摄之余，还能使你的视频影像变得更加引人入胜。

现代数字技术的更迭十分迅猛，这使得基础影像知识的学习既不能摆脱器材的介绍，又不能陷于说明书式的复杂剖析。本书在解说常用技巧之外，始终在行文中强调视觉化的思维。希望通过书中的介绍，为读者们建立起一套行之有效的拍摄方法，使得读者成为影像真正的主宰者，也使更多人能够加入影像拍摄的行列中来。

当今世界已经掀起了一股以影像为核心的视觉文化风潮，摄影、电影、电视、视频和网络已经成为整个社会生活的主流。这些影像画面无一不以数字技术为先导，相互组合、交融形成蔚为壮观的后现代数字社会。和千百年来那些制作图像的艺术家们一样，我们无时无刻地不渴望再现现实、把握现实，并制作现实。数字技术给予了人们创造这种拟真世界的魔力。现在，你也可以成为一位拥有魔法的超人，用数字影像的魔法棒创造出你心中无限的世界。

思考重点:

1. 认识各种不同类型的视频设备与器材。

2. 认识视频器材的镜头,了解镜头中光圈与景深的关系。

3. 了解并掌握各种不同的视频辅助设备和附件。

第一章　视频拍摄基本原理

通常，视频拍摄器材的更新迭代间隔很短。由于技术的快速发展，以及厂家对于占领市场的考虑，拍摄器材推陈出新的速度常常高于用户的折损率。这会带来两方面的矛盾：一方面，新器材可以使用户及时享受新技术的便利；而另一方面，新器材也给用户带来很多技术困扰，其中最突出的情况便是使用与操作。

以下，我们将对拍摄器材的结构做一个大致概述，方便读者从整体上对拍摄器材做一个相对系统的了解：其一是介绍在市场上可以购买的各类视频设备；其二是对视频器材上的各种重要部件做分类详述，包括视频器材的镜头、感光元件、各类辅助器材等。

当我们对视频器材的整体结构做一番简略分析后，摄像师就可以根据自己的实际要求，对市场上的各类拍摄器材做一个大致分类，继而可以更好地挑选出符合自己使用要求的品牌与器材。一般我们购买视频器材基于三点考虑，分别是价格、功能和使用频率。

1.1 各类视频拍摄器材

从当前市场来看，大致有四大类视频器材：供专业电影制作与拍摄使用的电影摄影机，其中包括高清数字电影摄影机；供各类、各级用户使用的民用数字视频器材，其中包括广播级视频器材、专业级视频器材和普通家用级视频器材等；供从电影级制作到家庭使用的各类数字照相机，其中既包括单反类数字相机，也包括微单等非单反类数字相机等；手机、平板电脑、极限运动数字视频器材等一系列新型数字拍摄器材。

（1）专业电影摄影机

电影摄影机应该是我们目前所知最为清晰和高端的器材，它面向专业用户和企业，售价也十分昂贵，普通商家或用户简直无法企及。因此，拥有它的办法只有两种，租借或花大价钱购买。一般而言，即使是大型的制片厂或是广告公司也倾向于第一种选择。之所以通过租赁器材来完成影片，最重要的原因是这些租赁公司会配备一批熟练的技术工人，他们可以在片场为你解决各种技术困扰。

图 1，专业电影拍摄是一个团队共同完成的结果，其复杂的操作是拍摄时会遇到的一个突出问题。

最近几年的数字技术发展已经全面进入电影制作的每个环节。数字电影摄制是整个拍摄行业中最晚一个被数字技术占据的领域。当数字技术风靡全球时，导演和制片人开始相信数字技术或许是一种可以改变电影未来的新动力。即使现在，仍有不少人相信：高清只属于胶片。对于专业电影摄影机来说，作为记录介质的胶片有着无法动摇的地位，它可以为观众带来全高清的视觉享受，也就是说 35mm 胶片所拍摄的影像，是人类迄今为止最为杰出的动态画面之一。

然而这种至高无上的地位正在被数字电影机慢慢动摇。由于数字技术的极速发展，它已经可以完全模仿出胶片的清晰效果。数字相机技术的飞跃再次给所有人一个震惊的答案，所以我们也可以坚信，通过未来数字摄影机的镜头，人类可以拍摄出几乎全真的影像画面。

当前的数字电影摄影机全部由高清系列组成，也只有这样的数字电影摄影机才能和胶片电影摄影机相媲美。另外，数字电影摄影机可以方便地和各种电子设备相连接，比如记录硬盘、监视器、话筒、录音设备、电脑等。相比胶片的冲洗和拷贝来说，它的每个环节都不会出现影像丢失。仅从此点出发，数字电影摄影机的优势要强于胶片，但是人们的视觉习惯已经对胶片略微粗糙的颜色和颗粒产生了依赖，所以当观众面前出现一系列毫无瑕疵、精致细腻的画面时，他们反而会变得有些无所适从。

目前，各类电影摄影机厂商多来自欧洲，这和欧洲作为电影发源地有着密切关系，其中以德国的阿莱（ARRI）最具代表性；另外，众多日本品牌也跻身高端数字电影摄影机领域，其中以索尼、松下为翘楚。对于好莱坞来说，他们不但兼容并蓄，同时还发展出了自己的优势品牌——红点（RED），这个品牌的摄影机可以说是目前电影摄影机中独树一帜的器材。它提出了先进的模块化理念。换言之，使用者可以将经典的附件、镜头加载在这台机器上。此外，它还比普通电影摄影机便宜一半以上的价格。如果你是一位热衷于电影拍摄的发烧友，那么这样的价格完全是可以承受的。这意味着数字电影摄影机正在以一种不可思议的低价撼动着业界，它标志着专业电影开始进入大众时代，高端的业余用户开始有机会制作出接近于影院效果的影像。

与此同时，这种大众电影时代的风潮正在悄然蔓延。2012 年，在美国广播协会举办的年度展销会上，一家来自澳大利亚墨尔本的小公司引起了人们的关注。这家名为黑魔（Blackmagic

图2，高清数字摄影机的出现动摇了传统胶片摄影机的地位。图为索尼高清数字摄影机系列。

图3，高清数字技术使得摄影机的价格有所动摇，使得一部分高端的影像爱好者可以领略到专业影像的效果。

Design）的数字科技企业推出了一款形如词典大小的电影摄影机。该机采用了一系列专业电影摄影机的技术指标，小巧便携，兼容各种常用镜头和电子附件设备，同时价格十分低廉。2014年，该公司再次推出全新产品。新机型不仅直指全高清拍摄，同时具有超强的动态画面，一扫此类小型电影摄影机的软肋。另外，该公司从创始之初便整合了多家业内的软件公司，使得黑魔系列产品具备前期拍摄与后期制作的综合协调性。

高端电影摄影机市场的转变，让人们看到了数字技术的无限潜力。诸如红点、黑魔此类小型电影级摄影机的出现，使得整个动态影像系统正在出现一场颠覆性的变革。数字电影摄影机已经在不断地取代和替换胶片摄影机，最终以数字电影摄影机为主的市场和局面应该是未来电影和高端影像市场的趋势。以各类数字电影摄影机来说，它们可以直接和我们熟悉的3D与影像特效、你想得到或想不到的数字技术相互结合。以2007年全球主要电影摄影机生产厂商全年推出的新品为例，其中没有一台胶片摄影机，这已经可以很有理由地告诉用户，数字摄影是未来世界的主宰。正如著名导演乔治·卢卡斯所预言，电子和数字摄影会带来制作成本的大幅度降低，它将引发电影领域的又一次革命。这种变革的浪潮早已在民用市场中席卷。

（2）民用数字视频器材

民用数字视频器材的市场庞大，分类也较为复杂。以下我们从视频器材的用途和视频器材的制式两个方面分别对市场上的视频器材做逐一概括。

①视频器材的用途

按用户的基本功能、适用范围，以及图像效果来看，市场上的视频器材大致可分为广播级、专业级和业余级三个大类。

第一类是广播级视频器材。顾名思义，由于拍摄内容和用途，决定了这种视频器材具有高端的拍摄效果和图像质量。现在的广播级视频器材技术指标要求最高。以目前消费者手中现有的各类机型来看，仍然使用的模拟机水平分辨率约为800线左右，大部分全高清视频器材画面像素标准为 1920×1080P。

　　广播级视频器材主要以拍摄电视台播出的节目为主，兼及对图像质量要求较高的各类制作片。由于价格的相对合理性，也有少部分高端用户自行购买，用于商业广告制作、小型电影短片拍摄等。广播级视频器材功能齐全、品质优异，同时体积与重量也较大。这类视频器材一般较少有便携样式，外拍时需配合三脚架使用，难以长时间肩扛拍摄；演播摄影棚内的座机则体形更大，必须完全使用支撑系统固定拍摄。目前，大部分座机可以在演播室内实现无人拍摄，它们一般固定在室内滑道横梁或摇臂上，既可以实现导控室的远距离操作，也可以实现近处的遥控指挥，十分方便快捷。

图 4，广播级视频器材主要以拍摄电视台播出的节目为主，兼及对图像质量要求较高的各类制作片。

图 5，专业级视频器材虽然在各项功能和指标上不及广播级视频器材，但是在正确操作加上一定的后期处理的基础上仍然可以拍摄出令人满意的图像来。

图 6，业余级视频器材主要满足家庭用户的需要。现在市场上还出现了可以拍摄 3D 的家用视频器材，使普通人也可以体验 3D 效果。

　　第二类是专业级视频器材。这类视频器材图像质量要求相对广播级视频器材低一些。目前来看，这类视频器材也已经达到了高清水准，各主要厂商的高端专业级视频器材更是全部为高清或超高清配置，达到 1080P 逐行分辨率及以上标准。此类视频器材多用于会务拍摄、舞台展演、小型专题片、纪录片、婚礼视频拍摄等。专业级视频器材中也有不少高配置型号，我们将其称为准广播级，也就是说它可以完全满足电视台栏目播出的拍摄要求，方便制作一些小型节目或短纪录片等。专业级视频器材与广播级相比，体积和外形有了明显的改变，同时还有便携式机型推出，深受新闻类摄像师或娱乐采访类摄像师的欢迎。

　　和广播级视频器材相比，专业级视频器材的功能和综合水平已经日趋完备，在人工辅助照明或高照度的情况下，其画面质量与拾音水平与广播级视频器材不相上下。最主要的是，专业级视频器材为了求得价格与性能的平衡，适当简化了光学镜头和电子成像元件的大小，使得在一些极端环境下的表现相对差强人意，但是普通用户在缺少专业设备检测的情况下其实很难觉察。由于它提供了一个非常实惠的价格，让普通人也享受到了专业效果，还能通过普通电脑进行后期制作，已经成为当前视频器材市场上的主力。

　　第三类是业余级视频器材，也称家用级或消费级视频器材。显而易见，此类视频器材图像质量的指标要求最低。这类视频器材的分类比较复杂。以机型、品牌之不同，其各种水平分辨率的差别甚大，一般在 480 线左右。最新的家用 DV 高配置机型亦可达 500 线到 600 线，而有些

图 7，图为日本 JVC 公司的 VHS 系列视频器材。 图 8，DV 是由众多日产企业联合制定的一种数字视频格式，已经成为目前市场上的主流。DV，即 Digital Video（数字视频）。

早期购买的普通家用模拟机大约只有 250 线，甚至还不到。

业余级视频器材的外形较小，有些便携产品甚至可以藏于口袋，拍摄起来也十分便捷。业余视频器材多为家庭用户拍摄家庭生活、孩子成长记录、外出旅游观光、全家欢聚等内容使用。由于照相机、手机及一系列便携视频设备的快速发展，这类小型业余级视频器材的市场正在逐渐萎缩，不断被其他兼容性的视频设备所取代。另外，业余级视频器材也是厂商分类销售的一种策略，它在 20 世纪 90 年代末期使各家厂商大获其利，目前主要面向初学者和老年用户的需求。

目前，我们手中拥有的家用视频器材品种十分繁杂。其中一些产品已经退出市场，只能在二手市场中寻觅。它们分别是 VHS 系统、VIDEO8 系统和 DV 数字系统。

VHS 家庭录像系统是英文 Video Home System 的缩写，又称大 1/2。VHS 系统包括 VHS、VHS-C、S-VHS 和 S-VHS-C 四种规格的视频器材，VHS 系统使用大 1/2 英寸录像带。它是由日本 JVC 公司在 1976 年开发的一种家用录像机录制和播放标准。

VIDEO8 系统视频器材，又称 8mm 系统，共有三种规格：包括 V8，又称标 8；Hi8，又称超 8；以及 DV8。其中 V8 和 Hi8 为模拟格式，DV8 为数字格式。DV8 可以通用 Hi8 的录像带。目前，V8 和 Hi8 这两种系统已经基本遭到淘汰，除一些普通用户原有的旧机以外，商店里已不见踪影，顾客在二手市场中尽量不要考虑这些过时的模拟机。如果想了解视频器材的发展或是对收藏机器有兴趣，则又另当别论。

现在我们使用的各类视频器材已经完全被 DV 数字系统所覆盖，而且基本实现了高清化和无带化。就目前不断研发的视频新机型来看，各厂家普遍使用了高容量储存卡或内置固态硬盘等技术。

DV，即 Digital Video（数字视频），是 1995 年由日本索尼、松下、夏普、佳能等多家日产企业联合制定的一种数字视频格式，经过多年的市场营销和推广已被世界各国所公认。DV 格式的最低分辨率可以达到 720×576 及以上，其中消费级又称迷你 DV，即 Mini DV。各类 DV 视频器材均采用先进的数字技术，使用录像带、储存卡或硬盘储存技术，图像画质略低于专业级视频器材。DV 视频器材品种繁多、技术先进，同时新机型的推出也层出不穷，是高清数字技术产生之前市场上的主流产品之一。

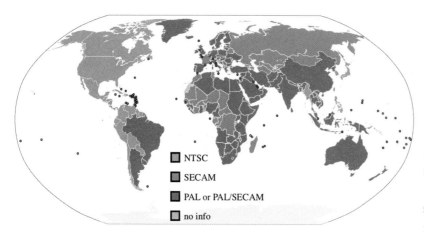

图 9，图为 PAL、NTSC 以及 SECAM 这三种主要制式在全球的分布情况示意图。其中绿色为 NTSC 制式的分布情况，褐色为 SECAM 制式的分布情况，其余为 PAL 制式的分布情况。我国使用的是 PAL 制式。

②视频器材的制式

以往，视频器材的主要功能是为大型电视媒体服务，故在长时间的电视制作规范中，各国、各地区的电视台都采用了不同的技术标准，用来实现电视图像和声音信号的统一播放。我们把这种电视信号的标准简称为制式。

历经时间筛选，现今世界各国的播映系统有 PAL、NTSC、SECAM 三大类制式。时至今日，这种制式设定也形成了视频器材拍摄中的技术要求，并沿用至当代各类数字视频拍摄器材。

PAL 制式：正交平衡调幅逐行倒相制。625 条扫描线，25 帧 / 秒，标准分辨率为 720×576。欧洲以英国、德国为代表，亚洲以中国为代表，全世界约有 50 个国家和地区采用 PAL 制式。

NTSC 制式：正交平衡调幅制。525 条扫描线，29.97 帧 / 秒，通常简称为 30 帧 / 秒，标准分辨率为 720×480。美洲以美国、加拿大为代表，亚洲以日本为代表，全世界约有 30 个国家和地区采用 NTSC 制式。

SECAM 制式：行轮换调幅制。625 条扫描线，25 帧 / 秒，标准分辨率为 720×576。欧洲以法国、俄罗斯为代表，亚洲以蒙古为代表，非洲也有少数国家采用，全世界约有 30 个国家和地区采用 SECAM 制式。

此外，如今的高清摄录机中还设置了 24FPS 的胶片帧频记录的功能。这种 24 帧逐行扫描画面与电影规格同步，即实现每秒 24 帧的图像能力，能极为方便地转换到电影胶片上，用以实现拍摄电影级标准的视频节目。由于高清数字制式兼容了常见的 PAL 和 NTSC 制式，720P 50HZ/60HZ 或 1080P 50HZ/60HZ 等这样的制式完全可以在高清设备上播放。因此，高清数字时代已经没有了各种制式间的阻隔。

（3）高清数字照相机

摄影和视频是一对孪生兄弟。胶片时代，电影摄影机就受到了摄影照片的启发，同样摄影的 35mm 照相机规格也是 35mm 电影胶片的延续。亦动亦静的画面对于人类感官来说或许只是暂停和流动，而对于人类的技术来说，有时候却是一种艰难的跨越。因此，刚刚进入数字时代就有很多厂商大胆地将照相机设计成一个兼拍视频的工具，但是直到不久之前，用照相机拍摄视频的技术才真正地开始被大量应用。

我们都知道电影其实是每秒 24 张滚动的照片，数字照相机的单张照片画质非常优异，如果能将这样优异的画质加以连贯，那么出现的视频影像则会是令人瞠目结舌的效果。基于这样的考虑，各家厂商不断发展小型数码相机的技术，并且把这种技术运用到了 35mm 类型的单反相机上，使其成为新时代一个异军突起的视频器材。

图 10 单从成像面积而言，普通相机几乎和高端视频器材的成像面积持平。

从成像画质来说，照相机视频功能的强弱由照相机的电子感光元件的优劣所决定；而从取景方式与体积大小来说，照相机的视频功能好坏则和照相机的高低型号分类有关。

首先，我们从成像画质对目前市场上可以拍摄视频的相机做一个简单的分类。这一类相机由自身感光元件的大小可支配，更大的感光元件则可带来更佳的视觉效果。现在可以拍摄视频的数字相机主要集中在小型相机上，即我们熟知的 35mm 相机。目前研发的 35mm 数字相机其实只存在两大类感光元件，即全画幅数字相机和非全画幅数字相机。毫无疑问，全画幅数字相机拥有和 35mm 胶片相机相同的画面尺寸和大小，是最为优良的成像器材。即使是拍摄动态画面影像，全画幅数字相机也可以获得难以置信的景深效果和画面清晰度，堪比电影级的画质。其中比较著名的以佳能的 EOS 5D 系列为代表。由于该类相机本身的静态图片质量十分惊人，已达到几千万级像素，视频影像更是达到全高清 1980×1080P 画质，成为目前各类高端视频器材强有力的竞争对手。很多电影导演和广告制作人纷纷购入此类相机，作为他们拍摄影片的主力机型。

除了全画幅数字相机之外，其他可以拍摄视频的数字类相机可统称为非全画幅的数字相机。由于相机本身根据成像感光元件来划分有着比较复杂的分类，而真正可以用作实际拍摄视频的数字相机却只占很小的一部分，因此我们简略地把非全画幅数字相机分成两类：一类是 APS 画幅的数字相机，另一类是画幅尺寸更小的数字相机。这两类相机的优劣，尤其是拍摄视频画面的优劣还是由数字相机的成像元件的好坏所决定，也可以说在数码相机拍摄视频的功能上，成像元件是唯一一个决定性因素。非全画幅相机以尼康的 D90 相机为代表。这也是第一款投入市场可以拍摄达到 720P

图 11，目前，几乎所有的照相机都具有了视频拍摄功能，小型的非全画幅相机在成像质量等综合素质上略次于全画幅相机。

图 12，微单类相机作为视频类拍摄像机的新宠，成为家庭或初学用户的首选。

高清画质的数字相机。此外，佳能的 EOS 5D 系列也是一款极其出色的视频拍摄利器。可以说，在数码相机的视频功能开发上，佳能和尼康公司成为这个行业内的表率，他们通过对相机本身画质的开发，用强大的技术手段抢占了中高端的视频器材市场，给视频器材的研发和市场分类带来了更大的挑战。而其他普通类的数字相机，特别是一些小型数字相机，早已具有很长时间的视频拍摄功能。因为我们通常只关注相机的照片拍摄功能，而忽视相机的视频功能，所以更好地开发一下手中或家中已有的小型相机，将它作为视频拍摄的入门和实验工具也不失为一个两全其美的好办法。

其次，我们根据各类相机的取景方式和外观再来划分一下视频类的数字相机：一种是传统的光学式单镜头反光相机，另一种是微单相机或一般的普通数字相机。这两种相机的最大差别在于微单相机取消了五棱镜的反光取景系统，使得光学镜头可以直接贴近成像元件，具有更好的成像质量和优异的画质表现，体积和重量也获得良好的减负，成为新一代家庭用户的新宠。而传统的单镜头反光相机拥有更加成熟的各类技术，综合能力的表现上更是无可挑剔，是各类专业用户的不二选择。

对于微单类数字相机来说，比如索尼、富士和松下就是几个非常优秀的品牌，它们的机型不仅可以兼容各类丰富的手动和自动镜头，同时体积和价格也是非常诱人的因素。通常，微单相机的画质已经可以达到 4K 高清或超 4K 高清的水平，具有与一般单反相机一样的扎实素质。从数码相机的发展趋势来看，未来十年，微单相机将会全面取代单反相机，成为当代数码相机的发展方向。

综上看来，数码相机的视频拍摄功能具有非常杰出的画质能力，它的上限几乎可以和十几万元，甚至是几十万元高端视频器材相媲美。如果说数字相机的不足在哪里，那么目前各类数码相机的录音系统始终是无法回避的缺陷，毕竟数码相机的主要功能是拍照，而不是录音。根据实际反馈，大部分拍摄视频的相机用户均会采取外接话筒或高端录音笔等方式来弥补声音收录上的不足。

应该说，数字相机视频化是一种数字相机厂商的市场策略，这本不是数码相机的专长，但是数字技

图 13，应该说用相机拍摄视频只是厂商的一种市场占领策略。如果在没有附件支持下拍摄视频，长时间的持握也是一个很大的问题。

的优化使这项功能得以顺理成章。因此，无论从长远发展，还是专业拍摄来看，更加专业和系统的视频设备依然是主流趋势。比如，一般视频类数码相机的数据存储时间具有严格限制，也就是说超过几十分钟连续的长镜头拍摄仍是照相机的软肋。可以看到，数码相机的介入给视频器材市场带来了一次变革式的颠覆，它为普通人开启了前往高端视频影像的通道，也为更多的摄像师带来了不同的选择。

（4）其他数字视频器材

目前，可以被归为视频工具的数字视频产品大体有四类：一类是以手机为主的通信工具；一类是具有视频功能的平板式电脑，以苹果品牌 ipad 平板电脑为代表；一类是适合极限运动的小型视频器材，以 GOPRO 品牌为代表；一类是目前尚无法准确分类的视频拍摄器材，以大疆品牌为代表。

早在 2000 年，日本夏普品牌就推出了全球首款具有拍照功能的普通手机 J-SH04。这款当时只在日本销售的手机并没有引起很多人的关注，特别是它拍摄的图像极其粗糙，几乎无人看好这种未来趋势，因此推出不久便销声匿迹。

直到两年后，著名手机品牌诺基亚推出了一款当时顶级配置的 7650 型号，这款手机的一个卖点是可以同时拍摄静态和动态画面。视频采用标准的 AVI 格式，可以方便地与电脑软件连接，实现多种视频剪辑。另外，该款手机还具有无限时的存储机构，画面长度完全由存储卡的容量所决定。从理论上讲，这款手机几乎可以不限时地记录视频。

此款手机的推出标志着一个新兴视频时代的悄然开启。虽然人们在当时用手机拍摄视频或影像完全出于一种个人娱乐和游戏，但是谁也没想到很多年后，居然还有人专门用手机拍摄了电影。2011 年岁末，美国公映了世界上第一部标准电影时长的手机电影《橄榄》，时长约 90 分钟。这部影片的公映标志着手机作为一种视频工具的全面成熟。

手机视频功能的崛起得益于三项技术：一是手机彩屏功能的实现，一是手机高清像素的实现，一是手机的大屏幕技术。这从根本上解决了手机劣质画面的问题，而这种小型化与高清化的趋势恰与整个视频器材的未来发展不谋而合。

基于三项技术的突破，手机视频功能几乎可以取代目前市场上所有低端和简易的家用 DV，而且更是比此前模拟时代的普通视频器材更加优秀。以目前市场上比较

图 14，手机强大的摄影与视频功能几乎让所有的专业厂商目瞪口呆，它们几乎取代了所有的低端相机与视频器材。

常见的华为、苹果手机为例，它们一般具有千万级及以上的静止影像素质、1080P 逐行扫描、30 帧每秒及以上的高清视频功能。此外，它们还有多达几百 G 的内存，以及蓝牙、无线网络、高速联网等功能，并辅以数以千计的各类手机应用程序。由于大屏幕显示的支持，满足了人们对视频浏览、制作、合成等全方位的需求。可以说，一个普通人完全可以在手机上完成从拍摄到剪辑，直至联网传播的全部过程。

　　但是，我们也要指出，目前的手机视频只能视为手机的附加功能之一，最多只是我们拍摄视频的练习工具。它的诸多功能具有兼容性，也说明这些功能只能满足基本拍摄。比如很多手机的高清画面需要在一定照度下才能达到最佳表现，而且手机的视频画面与大部分专业视频器材还有着不小的距离。但

图 15，目前，全球公映了首部具有标准时长的手机电影《橄榄》，时长为 90 分钟。图为拍摄现场使用的摄录设备与手机。

是无论怎样不足，手机的方便性还是大大超出任何一种视频器材。这始终热情地鼓励我们：拍摄就在手中，现在就开始拍摄。

　　另一类视频拍摄工具的品种显得相对复杂一些，由于现代电脑的小型化和平板化，使得很多电脑安装了摄像头功能。虽然最初这些功能只是为了满足网络聊天需要，但也有不少用户慢慢地把平板电脑等作为拍摄工具。此外，还有很多新一代的数字产品都具有摄影和视频的双重功能，就使用和方便来说，这只能看作一种附加功能的体现，更多时候人们使用这些影像设备只是为了解决燃眉之急。

　　还有一类适合极限运动的小型视频器材是近年来涌现的新宠。最初，该类视频器材以喜爱极限运动的人群作为主要用户，还可以帮助用户在进行极限运动时记录现场的惊险场景和刺激感受。以其中的翘楚 GOPRO 为例，其发明者尼古拉斯·伍德曼就是一位彻头彻尾的冲浪发烧友。他在进行冲浪时，常常苦于无法将海浪排山倒海的气势与朋友们分享。他曾尝试携带防水的小型视频器材，最终却都无功而返。主要的原因在于视频器材体积过大、成像效果不佳、拾音能力较弱等。于是，他决定另辟蹊径制作出一款可以佩戴在头部，便于腾出双手的高质量小型视频器材。GOPRO 的诞生使得伍德曼在冲浪时，不仅一如往常地轻松自如，同时还将风口浪尖上的音画效果一录入了画面，让人为之耳目一新。

　　像 GOPRO 这样的小型视频器材，集摄影和视频功能于一体，既能提供高质量的图片，又能拍摄高清的视频图像。由于体积迷你，仅相当于两个火柴盒尺寸，这类视频器材常用于各类极限运动，如攀岩、山地自行车、野外拉力赛等。此外，用户还将它作为入门级的高清视频器材，在一些非常规的条件下使用，如潜水、游泳、滑雪等。随着新一代 VR 理念和技术的出现，人们

将其安装在特定支架上，以二至五个为一组，形成 360° 的环摄效果，使得 VR 成像水到渠成。特别是该类视频器材价格便宜，家庭用户常将它作为日常拍摄工具，如外出旅行、将其捆绑在狗狗或汽车上作为另类视频记录等。

图 16，适合极限运动的小型视频器材是近年来发展起来的新宠，它小巧灵活并且简便易用，受到了人们的热捧。

总之，由于极限运动类小型视频器材的出现，拓展甚至改变了我们长久以来的拍摄方式、内容和习惯。人们利用各种条件与手段制作出了很多前人无法想象的影像。

最后一类是目前尚无法准确分类的视频拍摄器材。随着数字技术的进步，数字技术整合了很多过去无法合成的技术和器材。以大疆四轴电影摄影机为例，其基本拍摄画质可能稍逊于专业级电影视频器材，但其合成了四轴防抖系统，使过去电影摄影机加拍摄附件的方式变为整体。同时，曾作为与电影机配合使用的众多附件，其很多功能只能人工操作，而在大疆四轴电影摄影机上则全部实现了自动化操作。比如，数字电影摄影机上常见的手动对焦，大疆电影摄影机上设置有激光测距仪，并在显示器上与电影摄影机的对焦系统联动，实现精确对焦。再比如，数字电影摄影机的手持拍摄系统斯坦尼康，大疆电影摄影机将其与摄录部分做成一个整体，使得拍摄者可以非常自如地拍摄等。

可以想见，由于数字技术的持续介入，加上各类厂商的创新实践，再加上巨大的视频制作市场，越来越多的视频拍摄器材将会投入市场。其根本的目的就是为了拍摄出更加逼真，甚至是超越人眼的视频影像。

1.2 视频器材的光学镜头

无论何种类型的视频器材，它最基本的功能是图像摄录功能。虽然各种视频器材的结构千差万别，但任何一台视频器材都必定由一系列镜头组成。一般我们所说的镜头有两种概念，一种是指各类视频设备中用以生成影像的光学部件；另一种是指视频设备从开机到关机所拍摄下来的一段连续性画面，或两个剪接点之间的画面片段。

由于这两种概念经常在视频术语中相互混用，会造成一定的误读。虽然专业人士可以方便地在上下语境中读懂其本身含义，但是我们在做基本解释时还是严格地将此加以区分，以方便读者的理解。通常我们把前者称为光学镜头，而把后者称为镜头画面。下面我们着重关注的是视频器材的光学镜头。

一般来说，视频器材上的光学镜头指一组由各类凹凸透镜所组成的光学透镜。镜头由内向外通常分为光圈叶片、光学镜片和外部镜头筒等几大部件，与我们所知的照相机镜头相似。另外，视频器材会在镜头筒外侧设置一些外部按钮，如调焦环、变焦钮，同时还会设计一些手握皮带等，以此组成比较常见的视频器材镜头的外部样貌。

光学镜头的基本作用是将通过透镜的光线成像于机内的电子感光元件上，并由感光元件将被摄物体的光学信号经过光电转换后，变成可以复制的电子视频信号存储在机内的记录介质中。

图17，光学镜头是视频器材上的重要部件，它主要承担光线的收集，将光线投射到感光元件上等功能。

镜头的光学特性是指由其光学结构所形成的基本物理性能。任何一个光学镜头的物理特性和三个特性密切相关，即镜头的焦距、镜头视场角、光圈与景深光圈。

（1）镜头的焦距

焦距是指光学透镜的中心到进入透镜后光线汇集的焦点的距离。按照光学镜头焦距的长短不同，视频器材镜头可分为广角镜头、标准镜头、长焦镜头。

①广角镜头

广角镜头，又称短焦距镜头。广角镜头的视角宽广，拍摄范围大，可在近距离容纳更多的环境，还可以在有限的空间内包含更多的场景或人物等。广角镜头的景深大，可使前景、后景都保持清晰，并且能扩大景物的比例、改变画面的透视效果。当使用变焦距镜头时，我们可以使用变焦距镜头的广焦端完成拍摄。

广角镜头有较明显的光学变形，尤其在边缘部分效果明显，可以人为拉长景物四周的边缘，有时也可以用它制作特殊的造型效果。广角镜头在表现运动主体时，能加强主体纵向运动的动感，减弱横向运动的趋势。因此，广角镜头也可以用来调整画面的综合节奏。使用广角镜头拍摄有利

图18. 图为典型广角镜头的拍摄效果。

于画面平稳，由于有较大的景深，可以比较方便地展现画面中的诸多物体。随着当代光学技术的成熟，厂商不断地矫正广角镜头的镜头畸变，并为用户提供更好的色彩还原力与清晰度。

②标准镜头

标准镜头焦距的长度与视频管光电靶面上成像面的对角线长度相等，即与镜头所在的该款视频器材上数字成像元件的对角线长度相等。专业视频器材光电靶面上的成像面一般为

图19，通常各类视频器材上装载的随机镜头大部分为标准镜头。标准镜头的画面效果同裸眼的观察效果相似，同时具有和人眼相似的透视与比例关系。

20mm×15mm，其对角线长度为25mm。因此标准镜头焦距通常为25mm。

焦距长度大于成像平面对角线长度的镜头，称为长焦距镜头，例如75mm镜头。而焦距长度小于成像平面对角线长度的镜头，称为短焦距镜头或广角镜头，例如10mm镜头。

通过调节镜头内部镜头组，使焦距发生变化的镜头，称为变焦距镜头。如果拍摄距离不变，镜头焦距越长，拍摄到的场景范围越小，景物在画面中所占面积就越大；镜头焦距越短，拍摄到的场景范围越大，景物在画面中所占面积就越小。

由于标准镜头拍摄的画面效果最接近人眼，同时表现物体的透视和比例关系也最接近人眼的视觉习惯，因此经常在各种题材拍摄中大量使用，摄制的画面通常亲切自然，色彩鲜艳、逼真，具有较好的画面效果。

③长焦镜头

长焦镜头，又称长焦距镜头或望远镜头，适合拍摄远距离的物体或景物，画面畸变小。在人物拍摄时，它常被用来拍摄脸部及局部特写等。当使用变焦距镜头时，我们可以使用变焦距镜头的长焦端来完成拍摄。

图20，图为典型长焦镜头的拍摄效果。

长焦距镜头景深范围小，能造成画面主体与背景影像的虚实对比，即较为明显的主体与背景之间的清晰和模糊效果。通过虚出、虚入的手段，我们有时可以将长焦距镜头应用到一些场景转换中。另外，长焦距镜头可以压缩纵向空间，使画面形象饱满结实，富有蓬勃的张力。如果将长焦距镜头用于拍摄动体，我们可以调整观众的观看节奏，加强横向运动物体的移动感，从而减弱物体纵向运动的效果。

（2）镜头视场角

镜头视场角是指镜头视场大小的参数，它决定了镜头能够清晰成像的空间范围。镜头视场角的大小约为成像面边缘与镜头光心点形成的夹角。一般视场角受成像面尺寸和焦距两个因素制约。在拍摄中，成像面尺寸一般是固定不变，因而只能通过改变焦距来实现视场角大小的变化。

在拍摄距离相同的情况下，镜头焦距越长，视场角越小，镜头在焦平面上能够清晰成像的空间范围越小。反之，镜头焦距越短，视场角越大，镜头在焦平面上能够清晰成像的空间范围就越大。

以下是常见的各类型镜头的视场角数据：

标准镜头的视场角约为 50 度左右；长焦距镜头的视场角小于 40 度；广角镜头的视场角大于 60 度，一般在 60 度到 130 度之间；超广角镜头的视场角则达到 130 度到 230 度。

超广角镜头由于夸张的光学变形，能得到较为特别的画面效果，也是我们利用光学现象改变基本造型的手段之一。其中鱼眼镜头可以视为一种极为特殊的超广角镜头，它可以拍摄镜头前方大约 180 度内的所有景物，类似于鱼在水底的观看效果，形成十分奇特的画面扭曲。

镜头焦距与视场角在实际拍摄中还与物体之间的透视有关。此透视关系是指视频器材使用不同焦距的镜头，由于视场角的不同，会造成所摄对象在画面中的成像大小、背景范围和远近位置及比例等一系列关系的变化。

（3）光圈与景深

光圈，又称相对孔径，一般是指镜头入射光孔的直径与焦距之比。相对孔径表明镜头接纳光线的多少，是决定视频器材光电元件的靶面照度和分辨率的重要因素。焦平面照度与镜头通光孔大小成正比，即与相对孔径的平方成正比。其中，相对孔径的倒数被称为光圈系数。

通常光圈系数前会加设字母 F，一般常见的光圈值有：F1.4、F2、F2.8、F4、F5.6、F8、F11、F16、F22 等。在快门时间和感光度不变的情况下，光圈系数逐级变动，相邻两级之间的光通量为 2 倍关系，如将光圈从 F2 调到 F1.4，镜头光通量增加一倍；从 F2.8 调到 F4，光通量减少到原来的一半；从 F16 调到 F8，光通量变成原来的 4 倍，以此类推。其中，每邻近两个光圈数值之间的比值为 $\sqrt{2}$，如 F1.4 与 F2 之间的比值为 $\sqrt{2}$。

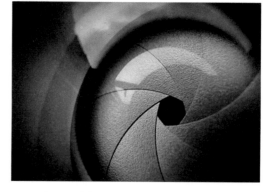

一般说来，我们很少去改变视频器材的快门速度，因此视频器材通常借助调节光圈大小完成合适的曝光。摄像师还可以通过调节滤色片来改变通光量的方法，实现对光圈大小的人为控制。专业视频器材通常都设置有一档 5600K+1/8ND 的滤色片。摄像师可以使用灰片来人为减少通光量，而为了保证准确曝光，则需开大光圈值，以此便能达到在

图 21，光圈设置在镜头内部，是一种用以调节光线进入多或少的装置。

大照度现场使用大光圈拍摄的效果。

以上镜头焦距、视场角、相对孔径、光圈系数之间关系密切，均属于光学镜头的基本特性。

另外，在实际拍摄中，摄像师还必须掌握景深知识及拍摄对象在空间中的透视关系等。其中，透视关系的改变是基于镜头焦距变化、视场角变化而形成的结果。

景深则是指拍摄景物在画面中呈现清晰影像的前后范围。景深范围之外的影像是结像不清晰的虚像。景深范围受焦距、光圈和拍摄距离的直接影响：镜头焦距越长，光圈越大，与主体拍摄距离越近，景深范围就越小，即长焦距镜头、大光圈和较近距离拍摄可以形成主体清晰、背景模糊的效果；反之，镜头焦距越短，光圈越小，与主体拍摄距离越远，则景深范围越大，即短焦距镜头、小光圈和较远距离拍摄可以形成主体清晰、背景亦清晰的效果。

图 22. 光圈系数决定了光圈的大小。一般来说，系数越大，光圈越小；系数越小，光圈越大。

1.3 感光元件与画幅尺寸

数字视频器材采用电子感光元件作为光电信号转换的器件。它的工作原理是将通过镜头采集的光线分解成可以被电子方式处理的数据信息，并把这些有规律的信号统一记录在一定的介质上。其实感光元件是由一个个非常小的感应器规则排列组合而成，每单个感应器件受到光线感应后即会产生各种不同亮度的小点，以此对应在我们所见的画面中。而这些极小的点就是影像视频中最小的单位，称为像素。排列的像素越多，画面的精细度就越高。而高清画面可以理解为是由一系列排布紧密，且像素极多的点组成的结果。通常像素有一个相对极限值，如果超过眼睛的精细程度，即使在技术上可以达到，实际的作用也不是很大，这也是为什么近些年来各家厂商慢慢地在高像素领域减少宣传的原因。

对于感光元件而言，采用何种方式将光信号转译成电信号的过程或组合方式成为画面色彩、精细度、解析力等一系列技术指标的基础。就数字视频器材来说，市场上有两种较为典型的感光元件 CCD 和 CMOS。同时为了达到最优的动态影像和颜色，厂商们还使用了三片感光元件同时感光，即三芯片技术。另外，感光元件的优劣还直接关系到感光元件的尺寸大小，并影响画面的实际播出效果，即感光元件会直接影响画面播山屏幕的尺寸与比例。

（1）数字感光元件

① CCD

CCD，即 Charge-coupled Device，又称为电荷耦合器，是一种半导体器件，可以直接地将镜头的光学信号转换为数字电信号，实现图像的获取、存储、传输、处理和复现。它的特点是

体积小、重量轻；比较抗冲击和震动，
性能稳定，寿命长；光学灵敏度高、
噪点比较低，动态范围大、像素集成
度高。但它需要专门的制作合成工艺，
使得它的生产成本和产品售价较高，
进而也造成视频器材的成本售价提高。
另外，CCD 还具有高耗电的特点，这
对于视频器材的电池也是很大的考验。

图 23，图示为视频器材内部 CCD 传感器的构造。由于 CCD 内置在视频
器材中，使得人们无法窥其究竟。

　　一般而言，CCD 传感器可以拍摄出
高质量、低噪波的画面，对照度较弱的拍摄环境具有较好的表现力，暗部细节也较丰富。因此，
CCD 感光元件可以说是目前各种视频器材上的主流。由于它的研发时间较长、技术也比较先进，
市场的认可度也较高，以日本索尼和松下公司的产品为代表。目前，CCD 制作的视频器材正在受
到 CMOS 感光元件类视频器材的全面挑战。

　　② CMOS

　　CMOS，即 Complementary Metal Oxide Semiconductor，又称互补金属氧化物半导体，是一
种像素和成像品质略低于CCD的电子感光设备。由于它的生产成本相比CCD要更加低廉，所以被
越来越多的视频器材生产商所采用，以此来降低视频器材的整体售价。

　　与 CCD 相比，CMOS 最大的不足在于它成像质量相对粗糙，不能彻底解决暗部噪波对低照度
环境拍摄时的细节影响，因此会带来更多的图像杂质。这个道理就如同我们在胶片时代发现高
感光度胶片在拍摄暗部环境时会带来较多的粗颗粒画面一样，是CMOS这类感光元件的最大硬伤。

　　而产生这个原因的根本是来自 CMOS 和 CCD 不一样的光电转换方式。CMOS 感光元件采用单
个像素、单个读取、单个记录的方式，使得每个单像素上必须配备一个微型放大器。由于放大
器挤占了像素表面，从而造成实际感光时 CMOS 比真实感光面积略小的事实。同时，由于这个
减弱的光信号还需加强电流来放大信号，因此形成图像时会造成很多噪点。

　　相对 CCD 来说，CMOS 感光元件的用电量较少，对视频器材的电池使用是一个很好的帮助，
为经常外出拍摄的摄像师提供了便利。通常 CMOS 类视
频器材的性价比较高，这也是目前很多高端视频器材可
以降价的主要原因，这无疑为新一代的用户带来了更好
的产品体验。虽然 CMOS 的总体技术不及 CCD 先进，但
是它的发展前景却有目共睹。比如，美国的高端数字视
频器材红点系列、日本的著名照相机品牌佳能视频器
材，以及极限运动类视频器材的翘楚 GOPRO 系列等都是
目前市场上使用 CMOS 感光元件的优秀代表。2011 年年
底，佳能公司更是一举推出了 C300 型号的电影级数字
视频器材，该器材使用了一款采用佳能看家技术制成的

图 24，图为使用 CMOS 感光元件的"红"系列
视频器材，由于核心组件的价格优势，使得这种
过去属于高端的电影级视频器材也开始为世人
所用。

图 25，可见光通过不断分解，最后可以由红、绿、蓝这三色光组成。

图 26，使用三芯片技术的视频器材在成像与画质上均显示出无与伦比的细腻感。

SUPER 35mm CMOS 感光元件，成为了高端视频器材上杀出的一匹黑马。

③三芯片技术

三芯片技术，简单来说就是在视频器材中分别设置了三块规格相同，但工作方式不同的感光芯片，用来对进入镜头的光线进行分类处理，达到真实还原现场的作用。在详述三芯片技术前，我们有必要对光有一个初步了解。大家知道，光通过三棱镜的分色之后可以看到赤、橙、黄、绿、青、蓝、紫这七种不同颜色，这是众所周知的光学现象。科学家们经过更加细致的研究后发现，各种颜色光都可以通过红、绿、蓝这三种基本颜色光合成，即我们通常所说的 RGB。它们相互搭配可以组成人类所见的所有光线，并通过光在物体上的反射作用后，令人眼就能观看到五彩缤纷的颜色。

对于视频器材来说，尤其是数字视频器材，早期科学家不得不把这些可以区别的光线集中于一个单独的感光元件上，这就使得早期视频器材拍摄的画面具有色彩干涩、颜色还原失真等劣势。现在我们还经常能在电视中看到 20 世纪 80 年代前后的电视剧，比如一些经典的金庸武打港剧，电视剧中的画面颜色有一种奇怪的感觉，这是因为受到当时技术制约，所以拍摄时所使用的视频器材不能很好地还原颜色。

进入 20 世纪 90 年代后，厂商们发现这些单片感光技术不仅阻碍了视频和观看的效果，同时也不利于产品的不断更新和市场扩容。由此人们想到是否可以把人为地进入镜头的光线分成三种基本色，再经过数字技术的整合将其集中成统一的图像呢？显然这是可以做到的。因为光在自然界中无法自动分化成三种基本色，所以当光线经过镜头时，人们通过设置分色镜的办法将光线人为地分成红、绿、蓝三种基本色。分色镜表面涂有高低两种多层干扰的薄膜，光线经过该镜时，相同色彩的光线会被同类颜色薄膜反射，而从异类颜色薄膜中通过。

那么对应地，人们在视频器材中设置三块不同的感光芯片对每一种单独分离出的颜色光线感光，从而保证光线的纯净度和完整度。一般来说，这三种芯片的摆放有一定的前后秩序。这和感应这种颜色光线的波长有关，即蓝色、红色和绿色。经过这样分类处理的光线最后被分别转换成不同的电子信号，再由视频器材中的电脑芯片进行完整的拼合。通常来说，经过图像叠加之后，视频器材便可以输出我们真实环境见到的景象了。

以上介绍的就是我们所知的三芯片技术原理。今天，人类发明的 CCD 和 CMOS 感光元件都使用了这种核心技术，以此来提高图像的整体质量。因此我们既有 3CCD 的视频器材，也有 3CMOS 的视频器材，方便用户的自行挑选。对于使用了三芯片技术的视频器材而言，它在成像原理上决定其技术远超于单芯片技术视频器材，这也是为什么大部分市场上的高端视频器材均采用了这种标准配置的原因。它保证了高规格视频器材的画质清晰、细节丰富、色彩艳丽的特点，特别是对于高清影像的表现有着不可或缺的技术支持。其实这个道理非常容易理解，本来视频器材中的光线需要由一个处理部件来完成，现在我们增加到三个处理部件来工作，而后者的最终效果肯定会优于前者。目前来看，各类三芯片技术已经趋于成熟，而唯一限制其快速发展的原因就是价格高昂、技术复杂，所以短时间内很难向低端或普通视频器材领域推广。随着技术的不断进步，我们相信在未来市场中全面使用三芯片技术的视频器材时代会早日到来。

（2）感光元件的尺寸

视频器材的成像质量还与其感光元件的尺寸密切相关。简言之，与该款视频器材内感光元件的成像面积有直接关系。感光元件的尺寸越大，其表现的画面效果和成像质量就越优异，同时该类感光元件的视频器材价格也随之提升；反之亦然。

同电影摄影机的胶片尺寸一样，越大的胶片尺寸能带来越杰出的观看效果，同时电影制作成本与播映成本也会相应增加。数字视频器材一旦拥有了比较大的感光元件，其产生的数据信号容量也相应加大，从而需要更大的记录介质和高性能处理器。这是对影像制作的一种平衡与选择，用户在购买数字视频器材时就需要充分考虑到这些：你的最终用途、观影受众、制作流程、人员配置、费用开销和电脑后期制作等都是影响购买何种大小感光元件视频器材的因素。

胶片时代，我们使用的电影摄影机有 35mm 全尺寸画面、16mm 画面，以及 8mm 画面等几种电影画面尺寸。今天我们使用的数字视频器材也沿用了这种分类方法，但要比电影摄影机的分类来得更加复杂些。最好的数字视频器材感光元件尺寸无疑是与电影胶片原大相同的 35mm 尺寸，这种类型的视频器材常被用作电影拍摄或是需要高质量画面的节目、纪录片等；同样，这种视频器材的价格也极其昂贵。它们不仅画面效果一流，影像素质甚至能超越电影胶片，达到约 4K，甚至超越 4K 的分辨率，即达到 4096×2160 像素及以上的画面。4K 级的分辨率是电影胶片所能呈现的画质极限，但由于胶片在拷贝中经常会丢失精度，所以通过影院播映的胶片电

图 27，感光面积的大小决定了画质优异的程度。毫无疑问，感光面积越大，成像越是优异。

影从实际来说是无法达到 4K 画质的。除非你看到的是电影母带，而这基本不切实际。就此而言，数字视频器材播出的 4K 画面绝对超越了各类电影摄影机的播出效果，它给我们带来了无与伦比的高清画质和现场感。

其他视频器材的感光元件大小则是由该类成像器的靶面尺寸所决定的，我们为了方便分类，依照靶面矩形所在的对角线长度来划分各类小于 35mm 的非全画幅视频器材，常用英寸作为定义标准。

图 28，大部分视频器材采用 1/3 英寸的感光器，即使是广播级视频器材。图为使用 1/3 英寸感光器的 JVC 品牌广播级视频器材 GY-HM790。

1 英寸的感光元件对角线长约 16mm，其靶面尺寸为宽 12.7mm× 高 9.6mm；2/3 英寸的感光元件对角线长约 11mm，其靶面尺寸为宽 8.8mm× 高 6.6mm；1/2 英寸的感光元件对角线长约 8mm，其靶面尺寸为宽 6.4mm× 高 4.8mm；1/3 英寸的感光元件对角线长约 6mm，其靶面尺寸为宽 4.8mm× 高 3.6mm；1/4 英寸的感光元件对角线长约 4mm，其靶面尺寸为宽 3.2mm× 高 2.4mm 等。

根据这样的分类，我们在购买视频器材时就能很快知道视频器材的一些基本信息。比如，市场上 1/4 英寸和 1/3 英寸视频器材是最为常见的款式，这类视频器材在价格和画面质量上有着较好的性价比。从实际使用来看，成像感光元件的大小并不一定与画质、成像、色彩等有着必然关系。如果说 35mm 大小的数字视频器材超过 1/3 英寸画幅视频器材是可能的话，那么说 1/3 英寸一定低于或差于 1/2 英寸视频器材的表现则有点勉为其难。这些硬件的不足主要依靠摄像师和后期制作人员来弥补，一个相对较小的感光元件的视频器材通过合理的使用和后期技术也能拍出令人满意的画面来。

另外，感光元件的大小还与前文所提的视场角有着密切关系。感光元件越大，视场角越大，可以拍摄和容纳景物的范围也越大；反之，感光元件越小，视场角越小，可以拍摄和容纳景物的范围就越小。这个道理同照相机上全画幅相机和 APS 类相机画幅大小的原理相同，表现的实际情况也相同。读者可以自行对比，来更好地理解视场角与镜头、成像感光元件面积三者之间的关系。

同时，针对于今天不断发展的电视和演播系统而言，视频器材感光元件的长宽比例也做了相应调整。即我们观看的屏幕从过去传统的 4:3 屏幕比例，调整成现在的 16:9 屏幕比例。对于视频器材来说，我们可以采用两种不同的办法来应对这种变化：一种是将视频器材感光元件进行上下遮挡，从而可以实现宽屏幕效果，但是这势必会浪费一部分成像面积，使画质受损且达不到实际画面要求；另一种就是重新研制一款标准宽屏幕的成像元件，画质和比例可以得到优化，但造价和技术也随之加大。目前来看，市场上两者兼有，且后者的发展似乎更快，用户也趋向于花更多的价格来拍摄真正的 16:9 画质。对于未来而言，这些仅仅只是开始，我们会造出更大、更优质的成像元件来满足人眼对于视觉上的追求。有时候这种享受更像是一种视觉化的催眠。

（3）画幅与屏幕

接下来，我们讨论一下观影时屏幕的大小、比例与视频器材的关系。在传统电影制作中，这个方面常被提及，却在视频中被人们无意识地回避了。现在很多人已经真实体会到宽屏时代的影像效果，这种身临其境的感受往往让观看者暂时忘却了现实。所以，我们很有必要来了解一下画幅和屏幕对观众的影响，以及在拍摄时它们对摄像师的制约。

目前，随着从电视制作器材、拍摄工具、传送方式直到用户使用的电视、网络、收视效果的整套数字化更新，电视媒体已经全面采用宽屏或者 16:9 画面。同样，在家庭、单位和企业中，比如商业拍摄、婚礼纪实、会展宣传等相对小范围的视频播出中，用户和拍摄者都愿意倾向于使用宽屏画幅和屏幕，以获得最佳的观看效果。

在传统电影时代，屏幕受到电影幕布的影响，而电影幕布的比例则受限于电影胶片的比值。确定胶片、幕布的比值并非心血来潮，是早期科学家和艺术家们进行大量研究后的成果。

首先，他们基于人眼的生理特点，将比值确定为横构图式的矩形。其次，他们对欧洲历史上的著名绘画进行统计，发现常见的人物、风景和田园系列作品的画布比值分别为 1.338:1、1.38:1、1.388:1。最后，他们综合各项数据统计并结合早期电影胶片 24mm×18mm 尺寸，得到 1.33:1 的比值。这个画面比值被美国电影艺术与科学学院采纳，并于 1925 年的巴黎会议上得到确认，成为较早的幕布标准。

20 世纪 50 年代之后，人们开始慢慢使用宽屏幕类画布。今天我们大致有两种典型的屏幕尺寸比例，一种是 1.85:1 的标准屏幕，另一种是 2.35:1 的宽屏幕。显然，这不同比例的屏幕从后期反过来要求摄影机在拍摄时就需考虑好其成像画面的设置与调整，当然这种情况也适用于数字影像拍摄器材。

相比胶片而言，数字视频器材能够更方便地进行调整。标准屏幕成像的视频器材进行遮挡后也能实现宽屏幕拍摄，但会损失一定的成像面积和图像质量；同样，如果有宽屏幕成像视频器材，则能直接用于宽屏幕拍摄，取得最佳的效果。从实践效果来看，人们更热衷于观看略微矮扁的宽屏幕，因为这更符合双眼的生理要求。我们看见的标准屏幕其实是对摄像师拍摄时单眼取景的模仿，而双眼的视觉复现唯有宽屏才能达到。

在这其中，画幅的尺寸也就是前

图 29，宽屏的概念最早起源于电影，目的在于让动态影像更符合双眼观看的需要。

文所提的感光元件大小，决定我们最终在屏幕上播放影像的质量。相同感光元件在同等比例的屏幕上播放时，可以达到完全一致的影像预想和质量。非相同大小感光元件虽然可以达到视觉表现上的相似，但是在观看质量等方面却有天壤之别。

随着播放器材厂商的不断更新，它们推出的新产品也在引导摄制器材厂商推出匹配的新产品。对于用户而言，这是一个完全被动的过程。即使在相应的变革中消费者享受了新技术的优势，但他们也不得不为每次厂商

图 30，一方面，通过数字技术实现宽屏更加方便；另一方面，数字技术也可以让观者获得良好的高清享受。图为目前市场上常见的宽屏幕液晶电视机。

的新产品而买单。对于一般的商业摄像师来说，制作几种不同播放规格的影片，同时在拍摄前期就预先了解用户的实际需要，则可以比较好地为自己的拍摄器材定位。

（4）分辨率与帧率

分辨率，在视频中即视频分辨率，是度量图像内数据量多少的一个参数，通常用 ppi 表示，即每英寸像素（Pixel per inch）。以视多频 1920×1080 为例，指该视频在横向和纵向上的有效像素。当窗口缩小时，该 ppi 值较高，看起来清晰；当窗口放大时，由于没有较多的有效像素填充窗口，有效像素 ppi 值会下降，显示的图像就会模糊。

习惯上，人们说的分辨率指图像高与宽相乘的像素值。严格意义上的分辨率是指单位长度内的有效像素值。当图像超过单位长度时，图像高与宽的有效像素值和尺寸关系不大；当图像在单位长度内时，图像高与宽的有效像素值和尺寸有关。

在视频中，分辨率是视频清晰度的指标。在手机和相机中，该器材的拍摄分辨率与视频拍摄的清晰度有一定关系。一般情况下，如果该器材的像素较高，则视频的清晰度也会相应较好。

在实际拍摄中，如果我们不考虑电脑运算性能、硬盘存储空间，以及手机和相机的存储卡大小的话，那么选用较高的视频分辨率会为后期制作带来更好的画质，比如 4K 分辨率要好于1080P 分辨率。当选择使用 4K 分辨率时，我们可相应选择 XAVC S 4K 记录格式为佳；当选择使用 1080P 分辨率时，可相应选择 XAVC S HD 和 AVCHD 记录格式为宜。其中，4K 记录格式画质好，占用数据存储空间大；1080P 记录格式画质略逊，占用数据存储空间相对较少。

帧率，是指以帧为单位的位图图像连续在显示器上出现的频率或速率。转言之，即指显示器上每秒钟内可以显示画面的数量，用 fps 表示。目前，主流的帧率有 24fps、25fps、50fps、100fps 等。

在不同制式的视频中，视频的帧率标准也有所不同。以 PAL 和 NTSC 两大主流制式为例，目前，

PAL 制式的视频帧率有 25fps、50fps、100fps，而 NTSC 制式的视频帧率有 30fps、60fps、120fps。这两种制式的帧率差异主要沿用电视时代的显示规范和习惯。通常情况下，若该视频不在电视台系统内播放，只在网络中传播，则普通拍摄者可以自由选择两种制式；若该

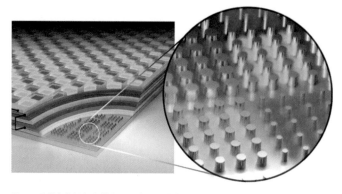

图 31，分辨率指视频在横向和纵向上的有效像素，也是衡量视频清晰度的重要指标。

视频需要在当地电视台系统内播放，则需按照当地电视台制式的使用规范。在我国，各地电视台均使用 PAL 制式标准。

　　设置的帧率越高，就意味着在单位时间内连续跳动的画面就越多，这样当拍摄运动场景和连续运动动作时，所获的画面可以更加流畅清晰。设置的帧率越低，一方面，意味着在单位时间内连续跳动的画面越少，另一方面，也意味着单幅画面可以在相对时间内拥有更多的曝光时间。

　　按照以上原则，以常用手机或相机为例。当设置 PAL 制式时，若拍摄静止镜头为多，可使用 25fps 帧率；若拍摄运动镜头为多，则可使用 50fps 帧率；在低照度环境中拍摄时，建议应适当降低帧率以保证电子感光元件充分曝光，一般以 25fps 为宜；若后期需进行慢动作升格时，可选择较高的 100fps 为佳。目前，一些高端相机中，还有 1000 帧的档位设置，主要应用在一些特殊场景的升格画面中。比如，水花四溅、动物奔跑、体育运动等。

　　当设置 NTSC 制式时，我们可按以上原则类推。

　　当使用相机拍摄视频时，我们需设置 ISO、光圈和快门速度，其中快门速度和帧率有对应关系。一般快门速度是两倍帧率的倒数，即帧率 $= \frac{1}{快门速度 \times 2}$ 或快门速度 $= \frac{1}{帧率 \times 2}$。比如，若设置 50fps 拍摄时，则快门速度为 1/100 秒。其他设置可以此类推。

　　在实际拍摄中，我们需分别设置分辨率和帧率选项，可按照具体拍摄内容、后期制作条件、最终播放要求以及拍摄现场的条件，尽量选择高分辨率、大容量的拍摄格式，确保后期制作的余地。

1.4 周边设备与附件

　　视频器材的拍摄过程是个系统化工程。在这其中，各种辅助设备与器材可以很好地帮助摄影师完成拍摄任务。下面，我们将对拍摄中与视频器材使用最为密切的几种设备和器材做一个大致简述。同时我们也需要建立这样一种概念：更好的附件、更多的辅助器材可以更好地帮助摄像师解决各种困难，同时它们也能更好地帮助摄像师完成拍摄创意。

（1）记录介质

目前，视频器材的记录介质大体分为两类，一种是我们熟悉的录像带，另一种是不断更新的固体记录载体，有记录硬盘、存储卡等。

首先介绍的是录像带。它是最为常见，也是目前使用历史最长的影像记录载体，是摄录机进行视音频元素写入并存储的标准介质之一。录像带是视频拍摄的必备器材，现在仍然在售的常用录像带有这样几种：HDCAM带、DVCAM带、HDV带、DV带等。不同类型视频器材必须使用与之相配的录像带。而录像带品质的好坏和正确使用与否，会直接影响到拍摄图像的优劣。在有条件的情况下，尽可能使用新的录像带拍摄。我们主张，在拍摄前最好先将录像带"空跑"一次，以防止其内部粘连。

图32，录像带迄今仍然是一种十分常见的影像记录介质，但重复使用率低，且不易保存，目前正在被其他固体记录介质所替代。

录像带的起始部分有可能质量不好，应尽量避开不用。在录像带的开头，按惯例可录制分钟彩条并接30秒黑场，然后再正式拍摄，以确保后期编辑工作的顺利进行。首先将内置信号发生器的彩条视频和测试音（1KHZ正弦波）记录在磁带的开头，然后按事先指定的时间长度记录黑色视频信号（黑场）和屏蔽音频信号。当前面的记录步骤完成后，摄录机便进入了记录待机状态。此时，在记录待机位置的时间码将变为事先指定的时间码。录像带盒上有保险装置，拍摄时应正确设定在可拍摄位置。需长期保留的录像带应去除档舌或设定在保险位置，以避免误抹操作。

在拍摄时，如果出现磁头警告信号，提示视频器材磁头被堵，此时不可继续拍摄，需立即清洗磁头。应急的办法是：利用录像带空白部分，以"快速放像"的方式擦拭磁头大约10秒钟，可排除故障。此外，录像带应轻装轻卸，防止碰撞冲击，关合磁带仓盖宜均匀用力。长期存放的录像带应编号归档以备查考，并倒转至起始位置装入盒中，竖直放置于阴凉干燥处。录像带怕热怕潮又怕灰，应注意除湿防霉，还需远离强磁场以及避免强烈震动。霉变的录像带万不可再次使用，以免损坏视频器材磁头和其他机件。

其次介绍的是固体记录载体。随着数字技术在影视领域的发展，如今的视频器材已经向着无带化迈进，出现了使用光盘或硬盘，乃至使用存储卡来记录影像音画的技术。这种新技术没有任何驱动装置，无须机械传动，因而维护成本较低，储存空间也有很大。如目前较大的存储卡——雷克沙的CF卡可以达到256G的容量，每秒写入信息速度为160M的指标。

在家用级领域，DV摄录信号的固体记录载体有DVD光盘、HDD硬盘、SD存储卡等多种。这些全新的存储介质可以直接被计算机识别，复制传输环节也实现了非线性化和无损传输，可以说这是真正意义上的数字化流程。尤其是目前使用最广的SD卡，它具有兼容多种器材、轻便小巧、易插拔等优点，是未来存储记录介质发展的一种趋势。

比如，日本索尼公司在专业级领域推出的PXW-FS5K高清摄录机，其分辨率达4K的3840×2160，采用两片可插拔存储卡作为记录载体。假如存储卡容量以16GB为计，标清格式记录可达70分钟，高清格式记录可达50分钟。该机设计为双卡，且支持热插拔，还具备同步和接力两种记录模式，即同步时两卡可以同时记录并保持备份；而在接力时则由任一卡开始，当记录已满后自动切换至第二张卡。因此，该机在理论上实现了无穷记录。

　　另外，索尼公司还为全新一代的尼康旗舰级相机 D5 配置了新型的 XQD 卡。虽然这是针对照相机领域的存储卡系统，但是由于尼康的该款相机也可以进行高清视频，因此这种卡的面世也意味着全新一代存储卡系列的诞生。从厂商宣布的指标和技术来看，他们针对已经发展到极限的 CF 卡系统，同时拓展了 SD 卡的一些不足，成为下一代存储卡发展的方向和标准。XQD 卡还包

图 33，随着技术的不断进步，高清视频器材开始使用诸如存储卡等固体记录介质。图为目前两种主流的存储卡。

含一种令人惊讶的技术，即卡体本身支持无线传输，也就是说，在规定距离和空间内，通过无线信号可以直接将拍摄数据传到电脑或网络，从而大大提升存储卡的使用极限，扩展存储卡的使用领域。

（2）充电电池

　　电源是保证视频活动正常进行的动力之源。尤其是在户外拍摄，没有交流电源时，电池就成了拍摄的关键。有经验的摄像师会在外出拍摄时多带几块电池，以备不时之需。

　　了解和使用电池，应从电池的基本装卸开始。电池安装到视频器材卡座上，必须准确到位，通常会有自然而明晰的"咔嗒"声。电池使用到报警信号提示时，应及时更换电池。卸电池的步骤一般要求是：先关闭视频器材总电源，确认寻像器关闭后，才可取卸。有的视频器材在摄录状态中假如突然取卸电池，会造成录像带移位而无法找准编辑点，并且会将摄录时间等数据遗失，计数回零，从而增加很多不必要的麻烦。

　　对视频器材电池充电应及时，不可长时间空置。有的电池具有记忆功能，没有用尽时不可充电，须先行放电，而后才能充电，以延长电池使用寿命。这里介绍一种比较简易的放电方法：可将视频器材处于工作状态，用已放映的录像带反复推、拉变焦，直至电量耗尽。除非特殊情况，一般不推荐使用。

　　新电池启用时，初始几次应过量充电，通常是将新电池首次使用耗尽后，一次性充电八小时至十小时以保证其性能逐渐趋稳。而旧电池充电以充电适配器的指示灯信号为准，不宜过分延长充电时间。现在各类视频器材都开始配备锂电池作为标准电源，这类电池比传统电池充电时间短、电量持久且保存时间长；同时支持反复多次充电，以保持电池的高饱和量。用户可以按照产品说明参

图 34，电池是视频器材正常工作的必备物品，尤其是外出拍摄时一定要备足电池，以防临场因无电或缺电而影响工作。

考使用，以保证电池的寿命。

　　如有可能，当同时拥有多块电池时，我们可将它们相应编号，次第轮流使用；拍摄完毕，应从视频器材上卸下电池，并妥善存放于阴凉干爽处，保证电池金属部分绝缘以防止走电。电池千万不可冲击碰撞，以防短路。遇到应急情况，已无电池替换时，我们一般可采用以下方法：将事前已用尽并卸下的电池金属片在衣物上稍稍摩擦，并重新装上使用，可稍许维持短时间拍摄。

（3）独立话筒

　　一般视频器材上的固定话筒可以满足普通拍摄的需要，高端视频器材的拾音话筒还同时兼具一定的自选项目。但视频器材上的固定话筒都有一个明显的缺点，即必须与拍摄画面方向一致，在视频器材镜头方向以外的声音则无法进行良好的收录。因此有条件的情况下我们必须为视频器材配备一个外置话筒，以方便声音的同期收录。

图 35，外接式的独立话筒可以提高收音质量，为后期制作提供便利。

　　选择时，我们必须选用与视频器材类型配套的外接话筒，外接话筒规格很多，价格不等，其使用效果也各异。外接话筒是本机话筒的延伸，为了确保语言音质效果，尽可能减少杂音，严肃的拍摄题材下必须使用外接话筒。一般我们使用外接话筒的情况主要是用于新闻采访、人物访谈中的同步现场声录制。

　　外接话筒与本机连接，要注意插件口径大小一致。口径不一的，应配备转换插头。视频器材接上外接话筒后，一般就自动切断本机话筒线路，因此应事先调整测试，确认无误后再正式拍摄。在拍摄过程中我们必须进行监听，以确保声音效果良好，防止无声或因接触不良造成声音断断续续。监听可采用小型耳塞听筒，如视频器材本机装有小型扬声器也最好连接外置耳机，以防止录制时的串音。

　　除常见视频器材外，现在流行的各类单反相机和无反相机本身也配备了小型录音话筒，但功能单一、性能有限。我们使用此类非常规类摄影设备时，最好配备单独的录音话筒和纪录单元或是使用录音笔等，保证后期制作时的声音质量与音画同步。

（4）照明设备

　　在光照条件较差时拍摄，应当使用照明设备以提高图像质量。通常在演播室内有各种专业的照明设备和电源来保证光线的营造，同时在拍摄诸如电影或电视音乐片时都有专业的影视灯光相辅助。在外出或者某些室内进行普通拍摄时，也最好携带一定的照明设备，以保证画面的照度和色彩还原。通常，视频器材对低照度的环境反应较差，因此推荐使用各类不同的照明灯具。

　　一般普通外出拍摄时可以携带的照明灯，有蓄电池视频灯和使用交流电的新闻灯。照明灯的最基本功能是提高场景环境的照度，以保证拍摄画质的良好。同时，照明灯也是对被摄主体进行的一种造型手段。

　　使用交流电新闻灯拍摄效果较好，而使用蓄电池视频灯拍摄虽然较为方便，但其电力容量较小，不能长时间使用。使用交流电新闻灯照明时要注意：由于各类灯管长时间开启后很热，应防止灯罩等灼伤皮肤和物体；勿靠近易燃易爆物品；关闭后尚未冷透，放置时也需小心；不要时开时关，以防止灯丝断裂；而使用蓄电池照明灯时，应在使用结束后及时进行充电。

图 36，照明灯的主要功能是提供人造光源，以提高拍摄场景内的照度。

　　此外，市场上还推出了长时间大功率的冷光源灯，以 LED 作为发光材料，使用普通电池或专用电池等，既可以满足小型视频拍摄，也可以满足摄影的拍摄需要，还能充当户外灯光使用，正在受到更多摄像师的青睐。

（5）监视器

　　监视器可用于在摄录的同时对画面监视、重放检查或作观看使用。专业监视器图像显示效果优异，色彩还原准确，并兼具波形指示图标和双显功能等。监视器一般均采用液晶彩色画面，不仅能提供监视拍摄时的构图效果，还能监视图像的色彩与光线照度，这对于黑白寻像器的视频器材来说尤为有益。

　　DV 视频器材及各种家用视频器材上均已配置显示屏，使用也十分方便。如今有的专业机上也配备小型监视屏，便于回放和检查色彩。此外，监视器的使用对现场拍摄也大有裨益，编导及主创人员可以通过监视器实时观察拍摄进度和效果，以便及时与摄像师和现场人员进行沟通，调整拍摄内容、位置等一系列现场问题，提高整体拍摄效率。

图 37，监视器通过外接手段装置在视频器材上，可以提供更加清晰与逼真的拍摄影像。

（6）三脚架与云台

　　三脚架可用于固定视频器材，以保证所摄画面的稳定和清晰，凡拍摄现场条件允许，请尽量使用三脚架。长焦距、微距拍摄更应当使用三脚架以保证画面的质量。

　　使用三脚架时应先校准其水平面，保证摇摄等运动镜头拍摄时的效果。三脚架要求牢固，伸展时需检查各关节部位并锁定开关。三脚架与视频器材连接，必须确保紧固贴合，确认无误后才可放手。三脚架档次高低、品质优劣的差距悬殊，有条件的应尽量使用高规格的产品。

　　另外，三脚架上还有一个特殊活动装置，我们称为云台。云台实现了与三脚架之间的严丝合缝，同时也方便视频器材的快速装卸，从而保证视频器材在三脚架上运动自如。一般三脚架购买时，商家会提供视频专用三脚架、摄影专用三脚架及摄影与视频两用三脚架等，用户根据自己的实际需求挑选，并且根据不同类型的三脚架挑选不同的云台搭配使用。

如果只进行视频拍摄，建议应购买专门的视频三脚架，其承受的稳定度和精度会更好；同时还需另配专门的视频云台，以保证视频器材在运动拍摄时的流畅和稳定。无论何种云台，它的根本标准在于朝各个方向运动自如，并具有一定的阻尼性，即拍摄时既保证有阻力感，另外还能兼具一定的顺滑力。对于两用型三脚架来说，兼容的重点是其承受器材的重量，一般视频器材重量要大于各类照相器

图 38，三脚架与云台配合使用可以方便拍摄的流畅与顺利。

材，加上各种视频器材附件，普通三脚架无法承受这样的重量，同时小型云台也无法操作自如。这些须知，用户在购买时应该引起注意。

（7）轨道与摇臂

为保证拍摄时的特殊需求和镜头过渡，视频拍摄中还会使用到轨道和摇臂。轨道，又称滑轨，是拍摄时画面横向运动和纵向运动的一种辅助工具。在电影拍摄中，我们常见的跟拍镜头即使用滑轨来拍摄完成。它形同我们看见的火车铁轨，轨道上置简易滑车，摄像师坐在车上由助手推行拍摄。根据预先设计的场面调度，轨道能够完成一系列连续运动镜头的拍摄，

图 39，摇臂是一种常见的辅助拍摄器材。通过各种上下左右的俯仰可以完成一系列复杂的运动镜头拍摄。

拍出的画面流畅、顺滑，不会出现画面的跳跃。

过去这些大型设备只在电影和大型电视拍摄中使用，近年来厂商也设计了一些小型滑轨来方便照相机和小型视频器材的使用，我们称为桌面轨道。桌面轨道取其小巧能放置于桌面的含义，并不只限在台上使用。根据各种情况，它也可以与三脚架或是专门支撑设备连接，以方便小型设备的运动拍摄。

除了轨道可以方便运动拍摄外，常见的运动拍摄器材还有摇臂。摇臂的功能和用处相比轨道而言要更加广泛，我们在电视节目直播中常常能够见到它的身影。通常，我们将视频器材置于摇臂前段，配以线控设备，可以完成俯拍、仰拍、前后及左右等一系列综合运动的拍摄。厂商根据器材的大小也分别设计了大小多款不同的摇臂，以方便不同种类的视频设备来实现大幅

度的运动拍摄效果。一般情况下，摇臂在拍摄时仅固定在一点上，常在活动场地受限的演播厅、会议室、礼堂等区域内使用。

（8）航拍飞行器

图40，航拍飞行器是一种近年来逐渐兴起的视频辅助设备，实现了过去在专业器材辅助下才能实现的拍摄效果。

航拍飞行器，又称航拍无人机、无人机、航拍器等，即 UAV（Unmanned aerial vehicle）或 UAS（Unmanned aircraft system），是指利用无线电遥控设备和自备程序控制装置操纵的不载人航空器。目前，在视频领域内使用的航拍飞行器属于民用范围内的微型或小型飞行器。一般它采取类似直升机的空气动力学原理，使用螺旋桨提供动力，能够执行悬停、逗留和特技飞行等动作。螺旋桨数由四个至十六个不等，飞行高度和半径距离大约在几百米至几千米，能够在单人或多人无线遥控下，进行低空和超低空飞行；同时也可搭载各类微型或小型视频器材，并实现实时的影像传输功能。以标清传输为例，其最长距离可达 10 公里范围；而高清传输的最长距离可达 5 公里范围。

在航拍飞行器工作期间，操作手可以通过无线视频装置实现取景、构图、参数调整等多项功能。由于航拍飞行器小巧灵便、机动高速，能够实现很多大制作投入时才能达到的追逐、急旋、贴地、快速升起或拉低的拍摄效果，极大地替代了以前需要在影棚和专业设备、专业人员指导下才能完成的特技拍摄动作和效果，大大降低了成本，提升了拍摄效果。

由于近几年航拍飞行器的普及，很多普通摄像师均配备了此类设备进行专门或辅助拍摄，给越来越多的观众带来了前所未有的视觉体验。但是需要注意的是，航拍飞行器的操作复杂、危险系数较高、拍摄难度大，受到天气、环境、地域乃至气压的影响很多，摄像师兼任飞行操作员时常常顾此失彼，因此拍摄使用时一定要再三检查、小心谨慎，做到万无一失之后才能大胆使用。

结合已有的拍摄资料，大部分优秀的画面镜头均是在缓慢流畅的低速飞行中获得的。所以可见，杰出的飞行画面和镜头是操作者或摄像师反复演练、不断调试，并依照拍摄内容严格执行的结果。航拍飞行器不是特技飞行，更不是炫技的工具，它是一个非常良好的拍摄辅助用具，是对普通地面拍摄所不及时的帮助。如果摄像师和使用者，或只以航拍飞行拍摄为主，或颠倒主次关系，那么拍出的影像作品则会是另一种索然无味的极致。

（9）其他

除了以上几种主要附件外，近年来也涌现出了一大批其他类的辅助拍摄器材，常见的有视频器材稳定器、车载吸盘稳定器、防水 / 潜水罩、软包 / 铝箱 / 拉杆箱、滤镜、吹气球等。

视频器材稳定器，即斯坦尼康，是英语单词 steadicam 的音译。它主要是通过一组具有弹性的合金关节及减震组件达到平衡、稳定视频器材的作用，从而减少在移动拍摄时的晃动和模糊，提高影像的清晰度。它的最初目的是使电影摄影机从三脚架和固定架上解放出来，按照剧情和内容的要求实现更加灵活、多角度的拍摄要求。

通常专业的斯坦尼康需要配备特制的承重背心，摄像师也需要通过专门的训练，并对走路姿势、腰腿协调、手臂持握、手指拿捏以及视频器材三轴方向的配平等做一系列的熟练调校后才能运用自如。常见的斯坦尼康有大型斯坦尼康、带有陀螺仪的斯坦尼康、能够低角度拍摄的斯坦尼康、配有监视器的斯坦尼康以及手持式斯坦尼康等几大类。

目前，为了满足照相机以及一些特殊造型视频器材的需要，市场上还出现了一些适合肩扛、单手手持的固定支架，以弥补各类视频器材在单双手操作时的缺陷，提高影像拍摄的稳定性。

车载吸盘稳定器，即吸附在汽车挡风玻璃或车厢前盖等处用于架设小型设备的一种固定装置。在专业拍摄中，车厢驾驶、对话等镜头一般由跟车或将小车架设在平板货车上实现。为了简化拍摄流程，近年来拍摄也通过吸盘稳定装置和遥控设备结合来进行，使得其的效果更加逼真完美。

防水 / 潜水罩，主要保护视频器材和其他视频设备能够在雨天或是水下进行拍摄。该类装置分为两种：一种是与视频器材型号搭配使用的专用型防水 / 潜水罩，一般价格昂贵，但防水效果优良并能潜入水下较深的区域；一种是通用型防水 / 潜水罩，也分为大小不等的款式，配合与之大小相似的视频设备使用，具有一定的防水 / 潜水能力，但效果不及专业型装置。

软包 / 铝箱 / 拉杆箱是保护视频设备运输的专门用具。从方便性来看，软包最为便捷，有单肩、双肩和手提方式等，并能携带坐车和直接上机，但装载能力有限，主要供中小型设备使用。铝箱相比软包更大，具有坚固的外壳，能够比较好地保护各类视频设备，但在便携性上不甚方便。拉杆箱也分为几种，简单的拉杆箱是由软包或铝箱装上小型滑轮后改装而来，方便城市或城际内运输。另一种特殊拉杆箱，内部有减震泡沫，外部由工程塑料制成，可以防震、防水，供远距离运输、野外、山地、探险及军事拍摄使用，非常坚固耐用，是目前最优良的视频保护设备。

和摄影拍摄相似，视频拍摄中也会使用一些特殊的滤镜，比如中灰减光镜、UV 镜、天光镜、特殊变色镜、渐变镜等，以满足各类不同视频题材和内容的需要。

吹气球、读卡器等小型附件对拍摄本身没有直接影响，仅用于摄前或摄后的辅助工作，但也具有不可小觑的作用，比如镜头污染或弄脏后，如果不及时清理，便会对下程拍摄造成影响，

甚者可能还会造成画面影调的前后不统一。而如果你忘记携带读卡器等设备，对于后期导入数据等会造成延长工作时间等后果。

总之，视频拍摄和其他拍摄工作一样，是一项系统性、经验性、细致性的工作。摄像师必须通过一定的工作经历培养起符合自身习惯的工作方式与流程，才能更好地胜任拍摄时出现的种种状况。

图 41，斯坦尼康可以减少运动拍摄时的画面抖动，增强画面的稳定性，并有助于摄影师多方位、多角度地表现被摄对象。

 思考重点:

1. 学会视频器材的持握与操控，同时掌握正确的曝光与对焦。

2. 学会基本的画面拍摄技巧和方法。

3. 理解景别与画面的关系，并能运用于实践。

第二章 视频器材操作与拍摄

介绍视频器材基本原理和构造之后，我们开始对视频器材的具体使用细节与操作做一番简单了解。如果你已经拥有了视频器材，那么也可以参考说明书去了解每个操作部件的详细使用方法，这会更好地帮助你完成一些个人设置、掌握一些使用窍门，提升拍摄的方便性。

图 1，徒手持机方便、灵活，在外景和活动连续拍摄时最为常用。图为大型肩扛式视频器材的持机示意图。

接下来介绍的基本操作有：如何持握视频器材，对机身上的一些关键按钮进行设置；如何正确曝光和取景，以及怎样利用人眼的观看习惯进行构图和展现空间等。视频器材的操作应当根据手中已有的机型反复练习并达到熟练程度，重点在于如何掌握各类机型共有的拍摄技巧，如机位安排、取景、对焦等。这不仅要多动手，更要多动脑，通过练习、体验、感悟与思考才能获得流畅的拍摄效果。

最后，从练习中学习，在学习中练习。不断主动担负一些拍摄工作，从拍摄家庭和朋友开始，把每一个不起眼的机会当作一次即将公映的影片，你就一定会在短期内取得良好的收获。

2.1 持机方式

视频器材的稳定是拍摄各种镜头的关键。各类视频器材都可以使用手持和固定两种方式来保证画面的清晰、流畅。以下我们对持握视频器材的两种方式做一个详细的介绍。

（1）徒手持机法

徒手持机是最常见的持机方式。徒手持机方式在拍摄中有较大的灵活性，在某些范围内还能突破环境限制，方便在较为复杂的情况下对外界做出快速反应；当然，有时为了达到特殊的画面效果，也需要采用徒手持机拍摄。

图2，小型或家用型视频器材体积小巧，重量较轻，可采用持、握等多种形式来拍摄。

图3，为了更加方便视频器材的手持拍摄，很多厂家设计并使用了一些辅助器械，用以在拍摄时更好地平衡和持稳视频器材。

徒手持机的要领在于拍摄者身体的各个关节之间相互协调、配合应用。首先是眼。一般使用右眼取景，左眼或闭或睁，不时观察全局及周围情况，密切注意被摄主体的运动趋势。其次是手。右手持握视频器材，皮带需宽紧适度。食指与中指控制变焦按钮，而大拇指操作摄录按钮。左手调整对焦以及其他功能键。两臂肘部尽量贴近胸部以稳定机身。再次是肩。两肩需自然下垂、平稳摆放，不要用力上耸，造成肌肉紧张。再就是腰和腿。腰要同手臂动作配合，特别是进行平移拍摄时应当靠腰部力量转动，移摄时则要通过腰部起到缓冲作用。双腿分开站立，与肩同宽，保证全身的重心稳定。最后是身体。上身保持平直，既不要弯腰伛偻，也不要刻意挺胸叠肚，同时保持呼吸的自然、平缓，切记不要屏住气息，造成身体的紧张、颤动。

持机姿势根据拍摄内容的需要和现场拍摄条件，加之各类器材不同等多种因素可以灵活处理。立姿肩扛式是最常用的持机方式。这种持机方式的视点高度与常人相近，拍出的画面具有亲切感，镜头也可以较为稳定且自由，是较常见的姿势之一。

新型便携式视频器材体积较小，适合采用托举方式持机。托式持机的所摄画面不及肩扛式稳定，尤其是单臂前伸托举器材并打开显示屏拍摄时，特别容易画面晃动；应双手持机、眼睛紧贴寻像器观察，以利于增加稳定效果。现在有厂商开发出一种有助于稳定拍摄的支撑肩架，变托式为肩扛式。肩架后方还置有电池保持整体平衡，既可减轻疲劳，又能提供充足电源，便于长时间工作。

抱式持机结合了立、蹲、跪姿的使用，能降低拍摄机位，拍摄时可以向上转动寻像器取景，按视频器材上部摄录按钮控制拍摄。举式持机时可抬高拍摄机位，适用于前方有人群或高大物体遮挡的情况，拍摄时可以向下转动寻像器或显示屏的角度进行取景。拎式持机可降低拍摄机位，移动拍摄连续运动的目标，由于可以利用单手持机，能起到缓冲作用，因此能有效减少画面的晃动频率。拎式操作由于拍摄难度较大，拍摄时须反复训练，才能达到良好的效果。另外蹲姿、跪姿、坐姿等方式均可降低机位，如果与立姿方式结合使用，也可以实现一系列连贯升降的综合效果。

总之，无论以任何姿势拍摄，身体都要努力做到自然、放松和平缓，以保证长时间拍摄的稳定。拍摄者还可以根据现场条件寻找支撑物，因地制宜地借助依托物，想方设法力求画面的稳定。

摄录钮是视频器材各种功能钮中最关键的操作钮，它可以控制画面拍摄的开始与中断。通常摄录钮都制作成显眼的红色以示提醒，也被俗称为开关。有的视频器材设置有几个摄录钮，分别安排在不同位置，方便拍摄者使用不同持机时操作。

众所周知，按下摄录钮就可以开始摄录画面，这个动作虽看似简单，其实却暗含玄机。视频器材接通电源后，寻像器中虽显现外界影像，却没有录制画面。按下摄录钮之后一般约 2~3 秒钟后视频器材才开始真正工作，寻像器此时显现的外界影像才被实际记录到存储设备中。一般区分的方法也较为简单，寻像器内的屏幕上会出现 REC 的字样，即告知使用者视频器材开始摄录工作。新型视频器材虽然响应速度极快，基本可以即时摄录，但在实际操作中也要提前准备，防止错过时机。

当对准被摄目标后，轻按摄录钮，视频器材便开始记录画面。当再次按动摄录钮后，视频器材则停止记录。切勿以为按下为开，放手为关，实际上放手之后视频器材有可能仍在继续摄录，即视频器材仍然保持记录，没有停止工作，这会造成不必要的存储浪费。

在按下摄录钮后的起动时间内，视频器材在做摄录启动的准备工作，这时如果紧接着再按一次摄录钮，则是停录。有的视频器材不能执行此种指令，而是继续完成前一个摄录指令，但是视频拍摄者却误以为已经停录，将摄制与停止混淆，这也会造成磁盘记录的浪费。

（2）固定机身法

固定机身方式是指将视频器材固定在某种辅助器材上进行拍摄。最常见的固定机身方式是使用三脚架，而在专业拍摄中还可能用到轨道车、升降架、摇臂，以及斯坦尼康稳定器等。

另外，摄像师也可能根据现场拍摄条件将视频器材放置于桌、椅或其他固定器物上做适当调整进行拍摄，以及因地制宜、因陋就简地固定机身；凡现场条件和时间允许，尽可能采用固定方式拍摄，同时以使用三脚架作为优先考虑。

固定机身的好处是使摄像师腾出双手进行其他调节，由于动态影像有长时间拍摄的特性，过于晃动的画面和节奏会扰乱人的欣赏习惯，因此使用固定机身方式拍摄可以很好地避免这些不足。另外，很多人为了图方便常常拿了机器就出门，并不携带任何辅助设备，这样拍摄回来的素材常常无法使用。这是我们在平时拍摄中的大忌，也是对拍摄任务的极端不负责。

（3）航拍操作法

航拍飞行器的持机操作由两部分组成：一是驾驶、遥控无人机安全飞行，二是利用无人机上的视频设备进行摄录。而在一切准备事项之前，最重要的是了解、熟悉国家和地区的法律、法规，知道并明确可以飞行的范围、高度、距离等一系列规定，限制并严格禁止违规操作及飞行。

如果操作员、拍摄者已经充分学习过相关航拍飞行器的文件条例，那么接下来就正式进入到具体操作阶段：首先，根据购买器材的具体型号，需要熟读该款型号的详细说明书；其次，

图4，图为实际使用中的斯坦尼康稳定装置，方便、轻质、利于长时间和多角度的拍摄。

图5，航拍飞行器以安全为第一原则，注重操作规范和流程。唯有确保安全、正确的飞行，才能拍摄出一流的画面。

正式飞行之前检查航拍飞行器的各个硬件及螺丝，同时，检查飞行器的各类电池，包括主机电池、图传电池、地面监视器及接收供电电池、遥控器电池、云台电池等；再次，提前到达拍摄现场踩点，观察周围环境、建筑、障碍物，检查拍摄前后的天气、风速、气压等综合气象信息；最后，预先设计好飞行路线、高度、具体拍摄内容等一系列实际拍摄流程。

实际飞行时，根据安全原则、拍摄实际要求，应配备两名及以上的飞行操作员，即主、副手，一名为操作员，一名为观察员；有条件的情况下，还应设立专门的拍摄操作员。飞行拍摄时需遵循宁慢勿快、宁低勿高、宁少勿多的原则，一切以安全飞行、适度拍摄为主，禁止出现超越器材的性能、高度、速度等违例情况，确保飞行拍摄时的在场人员、周围人员、周边环境、飞行器材及其他各类因素的绝对安全可靠。当临近飞行禁区时，飞行器应立即回避并禁止强行起飞。

按照拍摄预先设定好的脚本、步骤及拍摄要求，合理、巧妙地设计飞行线路，综合利用飞行器灵活多变的高度、角度，借助飞行器的高速灵活，可以拍摄出远超普通摇臂器材的精彩画面。操作者应该不断学习、反复练习，同时熟知飞行器的电子和机械性能，做好发生意外的各种准备，设置各种处理预案，建立规范的操作流程和自己的团队，可以将各个级别的民用级航拍飞行器发挥出最佳的拍摄性能。

2.2 色彩还原

（1）色温

初拿到视频器材或再次使用视频器材时，首先应该注意的是视频器材对于颜色的设置。现代视频器材均采用全彩色方式记录和呈现，所以是否设置好画面色彩、还原拍摄现场的颜色成为是否能够在第一时间吸引观众的关键。除非某些特殊要求，一般情况下不推荐使用黑白模式来拍摄素材，这会造成一个很严重的后果，当你再次需要彩色画面时，只能望"片"兴叹了。而同期的彩色画面则可通过后期软件调整成黑白影像，这是值得提醒各位的方面。

①色温的定义

色温是光线的一种基本物理特性，也是表示光源光色的一种尺度。科学家使用数据的方式为各种颜色在可见光下设定了数值，方便人们在不同领域、时间、空间中使用，达到减小误差和方便操作的作用。

在物理学上，色温的概念是指绝对黑体——假设该物体能全部吸收外来辐射，并在所有波长上都能产生最大辐射的物体——在各种不同温度下可以表示一个实际光源的光谱成分。在绝对零度下，即 -273 摄氏度，将绝对黑体逐渐加热，随着温度的逐渐升高，绝对黑体的颜色便会在不同温度段发生相应的变化，其颜色变化依次为：黑、红、橙、白、蓝，请注意这里颜色的前后排列顺序是不能颠倒的。

我们按照这种特性，将绝对黑体随着温度的升高而表现出的光色特性，称为光源色温度。通俗地说，它是指各种物体在不同的光线条件下所呈现的不同颜色。这个光线条件并不是指照射物体的光源亮度，而是指光源颜色的温度。

简单来说，可以理解成某个光源所发射的光的颜色，看起来与黑体在某一个温度下所发射的光颜色相同时，黑体的这个温度就被称为该光源的色温。即比如，北半球夏季正午的色温与黑体表达的某段色温相同时，我们就将黑体的色温用来表达此时的色温数据。如果黑体的温度越高，光谱中蓝色的成分则越多，而红色的成分则越少；反之亦然。因为这个现象由 19 世纪末英国科学家开尔文所发现，我们就用他的名字来为色温的单位命名，称为开尔文，简称用字母 K 来表示。

②色温的运用

下面我们介绍一下各种常见的色温情况及其场景，方便大家从一个感性的角度来理解。首先着重介绍的是太阳的色温变化。太阳光由于地理纬度的高度、所处季节的不同以及各种不同的时段等，均会造成不同的照射效果，从而形成同种物体的不同颜色。人们在很早时就看到了自然界的这种奇妙特性，今天我们在视频拍摄中不仅需要知晓这些光线性质，还要有效地利用它为影像服务。

以我国中部地区纬度为例，一般春、秋两季，太阳光在一天中不同时段的变化，大致可分为四个部分：黎明和傍晚、清晨和黄昏、上午和下午以及正午。

黎明和傍晚这两段时间的光线不适宜较好地表现景物的细部层次，但适合拍摄剪影效果，表现出明显的时间特征。这时光线色温较低，约为 1800K，可以使拍摄的效果呈现漫散略微模糊的光线特点；利用此时低色温的特性，亦可以让画面出现蓝色效果，增加画面与城市灯光对比的效果等。

清晨和黄昏的时间光线已经具有一定方向和强度，但还是非常柔和，在被照射物体上也会形成丰富的影调变化，使景物呈现细腻的色彩。此刻色温的变化是最快的，因此在拍摄前要预

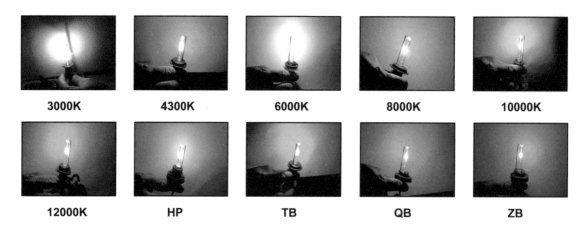

| 3000K | 4300K | 6000K | 8000K | 10000K |
| 12000K | HP | TB | QB | ZB |

图6，色温是将光的颜色加以一定的度量，以方便人们在实际中的使用。图为在不同色温条件下，灯光的颜色变化图。

图7，清晨的色温较低．此时光线柔和，表现力十分细腻、鲜艳。

想好各种场景，抓紧时间完成拍摄素材，并随时调整白平衡。此时光线色温在 2300K~4500K 之间。

上午和下午，一般为上午的 8 点至 10 点和午后 2 点至 4 点，这两段时间，太阳处于合适的位置，景物得到一定入射角的照明，形成正常的空间关系，呈现出合理的立体形态和造型结构。此时是外景自然光拍摄的主要时间段，同时这两段时间内光线色温也比较稳定，通常为 5400K~5600K，也是各类视频器材上最为常用的标准日光色温。在标准色温光线照射下，物体色彩鲜明、自然，视频画面色彩还原也最准确，可以利用这些时间段的光线完成各类主要的拍摄内容。

正午，一般指中午 12 点前后，即太阳位于中天位置。正午光线强烈、生硬，影调变化小，投影最短，难以较好地表现出物体的空间关系。正午的光线照射下也容易形成强烈反差，而阴影部分的表现却明显不足，从而造成画面效果生硬、颜色表现失真的情况，此时需使用柔光布等进行遮挡，形成人工条件下的补充。一般正午阳光色温可达 6300K 。

此外，其他天气情况下的色温值大体如下：薄云遮日，色温在 6800K~7000K；阴天，色温偏高在 7500K~8400K；晴朗无云的蓝天，色温则可高达 13000K~27000K；室内漫散射阳光，色温也略偏高在 5500K~7000K。根据自己所在地区的光照特点，读者需多加尝试和反复调试，才能达到最好的自然光表现力。

灯光的色温变化同样也是多种多样。各种人造光源的色温从低到高的是：标准蜡烛光1900K；家用钨丝灯（白炽灯）2600K~2900K；家用日光灯 6000K~7000K；石英溴钨灯（标准新闻灯）3200K，也称标准灯光色温；镝灯模拟日光色温 5000K~6000K，是各种专业拍摄中使用的影视灯光；等等。

总之，各种不同的色温大体上从低到高是由暖色调向冷色调变化，我们可以利用所知的这些色温知识，加上一定的机内调节为我们在各种场景和环境中的拍摄提供参考。在专业拍摄中，尤其在电影拍摄中，摄影指导和摄影师们还会配备比较专业的色温表，用以解决一些复杂的场景。普通摄像师如没条件，可根据现有的色温知识多加尝试、积累经验、反复调试，从而亦可获得良好的图像色彩还原。

（2）白平衡

①白平衡的定义

白平衡，称为白色平衡，是英语White Balance的翻译，在各类视频器材上，厂商使用缩写"WB"表示。从字面意思上看，白平衡是指对白颜色的设置，也就是说白色物体在各种环境中均有相应的颜色误差，视频器材通过机内设置将这种误差纠正回来。

因此，白平衡的调整是指：为了保证色彩准确还原，在拍摄纯白色物体时应当使视频器材输出的红（R）、绿（G）、蓝（B）三路电信号按其固有规律标准搭配，为此，对视频器材有着一系列的调整。当白色调整后，与白色处在相同环境中的其他颜色都能还原准确。这个原理被称为白平衡调节。

其实将白色作为基准色，主要是由于白色的较易辨识性和获取的方便性。当然科学家也可以设计出蓝色平衡或是红色平衡等，但是普通人如果不借助仪器或是长期经验，则很难做到对其简单操作。因此，挑选白色作为色彩平衡的基础既是为了方便，也是为了方便不同层次人群的使用。

虽然我们每时每刻都在使用眼睛，但是对自己眼睛的认识却十分有限。我们人类的眼睛对各类光的颜色有着很强的适应性。无论是阳光，还是人造光，无论是日光灯，还是白炽灯，通过人眼视网膜的过滤，再经过大脑视觉神经的处理之后，各种物体都可以呈现出其本来的颜色。也就是说，大脑自动地将这些复杂的光线情况进行了相应的处理，并准确地还原了本来的颜色。可是视频器材却没有那么高级，而且视频器材对光源色温的记录是相对固定的，一旦我们拨到或是调节至某档，视频器材就会始终为我们呈现此场景内的色温。当然视频器材上还设有自动白平衡，却无法为我们满意地解决这些困难。于是，我们既需要利用这种固定设置的好处，有时候也要不停地调节这种一成不变的状态。

各位读者经常在各类影片内看到，有时的图像颜色偏蓝，呈现幽蓝色，带来阴森可怖的效果或者清凉的快感；有时候图像颜色偏红，衣服、景物艳丽，画面浓重，带来厚实的效果等。这些都是视频器材通过调节白色平衡的结果。

图8，晴朗天气的色温比较稳定，也是各类视频器材外景拍摄时画面表现最为优异的时段。

通常当光源色温高于视频器材白色平衡，所摄景物的色彩偏蓝；当光源色温低于视频器材白色平衡，所摄景物的色彩偏红。因此，假如我们在室内灯光条件下拍摄，色彩还原准确的话，换到室外太阳光下拍摄图像时颜色就会偏蓝；反之，由室外换到室内颜色则会偏红。同为室内，在普通电灯光下如果色彩还原准确，换到日光灯下拍摄颜色也许会偏绿。即使在同一环境中，由于景别不同，被摄主体在画框中亮度不同，也会造成色彩还原不准确，尤其是在逆光条件下拍摄。以上诸项都是在拍摄中累积的一些经验，在实际拍摄中的情况更为复杂，借此也提醒拍摄者需要关注色温的实时调节，以免增加后期的负担与难度。

图 9，如果觉得色温理解起来有一定难度，厂家也为用户设计了更加简单的白平衡设置。如图厂商用"WHT BAL"来注明白平衡。

②白平衡的调整

接下来我们简述一下白平衡的具体调节。不同类型的视频器材，白平衡功能各不相同。

简单的家用视频器材往往只有自动白平衡，不能随意调整；非专业类型的视频器材除自动功能外，还设置室内、室外两档供选择，它们分别大致相当于灯光和日光的色温。有些机型的白平衡不但有自动功能，还有手动调整装置；而专业级或广播级视频器材的设置则较复杂，通常均设有 5600K 和 3200K 两档色温片以及 5600K+1/8ND 滤色片。如今，某些新型广播级视频器材上的设置更加齐备，分别有 6300K、4300K 和 3200K 等多档色温片，以适应各种不同色温条件下的使用。另有一些新型视频器材具有白平衡自动跟踪、锁定和记忆储存功能等。

常见机型上的白平衡调整分自动白平衡调整和手动白平衡调整两种方式。自动白平衡操作十分简单，只要将其设在自动档，视频器材便自动做出调整。家用视频器材都有自动白平衡装置，在正常的光照条件下拍摄可以采用自动方式，将 WB 设定在 AUTO 位置。但是自动白平衡对色彩的反应比较迟钝，所做的调整有时模棱两可，难以达到精确。

手动白平衡调整的操作步骤是：将色温片打在正确档位上，视频器材寻像器对准用于校准的白卡纸并使其充满画面，同时白卡纸，应和拍摄主体的受光条件相似，且受光方向相似。按动白平衡调整钮，待寻像器内出现提示，即白平衡调整完毕。

假如没有标准白卡纸，普通白纸、白布或白墙，乃至任何白色物体均可代用。当然最好的方案是选用柯达公司生产的标准灰板套装中的白色卡纸，这也是最准确的颜色。一般来说，其他类型的白色物体选取以既不反光也不吸光为标准，这样测试出来的白平衡比较准确。此外，某些视频器材的

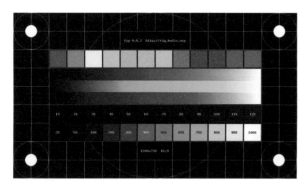

图 10，将白色作为基准，可以方便在各种色温下将其还原。图为电视行业的专用标准色，用以在各种条件下校正色彩。

镜头盖设计成白色，也可供调整白平衡时使用。当然市场上还有专门的白平衡镜头盖出售，这些专业设备的精度和颜色还原能力更强。

视频器材对白平衡有一定的时间记忆能力，假如相邻两个镜头的拍摄环境与光照条件相同，则可不必反复调整；如果两次拍摄环境的光照条件不同，或者被摄体本身颜色有明显差异时，则必须采用手动白色平衡方式分别调整准确后方能拍摄。

③白平衡的运用

有的视频器材白平衡装置只有 IN DOOR（室内）和 OUT DOOR（室外）两档。前者大约平衡于 3200K 色温，后者约平衡于 5600K 色温。白天在室内拍摄，如果仅有窗外日光的漫反射，那么白平衡不应设定在 IN DOOR（室内）档。这时假如还有现场灯光或者另外再加低色温灯光照明，那么灯光与现场自然光的色温可能会不同，请务必留心。

图 11，在实际拍摄中，我们可以利用色温与白平衡原理，将白天的拍摄环境转换成夜景。

图 12，良好的色彩还原与把握始终是影片成功的基础。

由于人工光源与室内自然光两种不同色温的光线交叉照明，会使画面中人物和景物在不同区域产生明显的色彩差异，因此在人工补光拍摄时还需注意统一光线的色温。

除此之外，色温还可通过镜头滤片来改变，雷登片是一种调节色温专用的透明薄膜。当我们使用不同标号的雷登片遮挡在灯光前，可以人为制造出不同色温的光源。

统一色温的方法还有多种，如果要统一成高色温，即在灯光前遮上高色温的蓝色雷登片将灯光的低色温升高，使它与日光色温一致；如果要统一成低色温，则在窗户上加贴低色温的橙色雷登片将日光的高色温降低，使它与灯光的色温一致；如果为了使其中某一种光线占据优势，或者关闭室内灯光，或者拉上窗帘，这样一来色温就可以简化为一种，即使画面色彩有差异，也不至于对画面的整体色调产生太大影响。

以上诸法，以第一和第三种最为常用。

在某些专业拍摄现场，还可以用高色温的照明设备，其色温一般也与日光色温一致。如果需双机或多机拍摄时，则必须在拍摄前以同一标准校准白平衡，尽可能减小各机器间的误差。

最后是利用白平衡原理为画面内容服务。我们可以人为营造特殊效果，按作者的意愿创作影像作品。当摄像师灵活掌握白平衡调节，并巧妙加以运用，可以为视频画面增添许多意想不到的效果。比如，使用校正的白纸本身颜色略偏品红，视频器材对它调整白平衡时，所摄的颜

图 13，通过对白色物体或纸张的定义设置，可以准确还原场景色温，但必须一景一设，防止出现颜色串场.

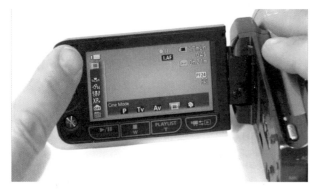

图 14，手动设置白平衡更利于对不同场景下的调节。

色则会偏绿；如果使用校正的白纸偏蓝，则拍摄的颜色会偏黄；如校正的白纸偏青，则所摄的颜色偏红等。如此，摄像师便可根据实际情况得到不同颜色基调的画面。

利用白色平衡调整原理，最为常见的例子是在白天模拟夜景的办法，此法也被称作夜景日拍法。例如，在早期香港武打电影中，我们发现很多夜景环境中的人物周围有明显的影子。如果不仔细观察画面，常常会以为是视频器材在夜间拍摄的画面。这便是巧妙利用色温原理，将色温调低后进行实拍的案例。

同样，利用白色平衡调整还可以制造出画面的不同色彩效果，从而营造出整个影片基本的色调，用以体现作者的创作理念等。

2.3 合理曝光

由于拍摄环境的光照条件不同，同时物体在光线照射下的反射率差异，以及亮度对色彩影响等诸多因素，合理控制曝光是拍摄影像时的关键。也可以说，正确合理的曝光会为拍摄的成功增加筹码。而失误或不合理的曝光，则会为影片增添很多负面影响。客观地说，没有一个准确或固定的曝光值，针对不同的环境条件，曝光具有特定性、自主性、独立性的特点，是一个极其个性化的判断标准。

（1）自动曝光

任何一台数字视频器材都有自动曝光功能。视频器材通过对所摄画面的光照情况做平均测算，并在确定曝光值后，自动选择一个合适的光圈与快门搭配。

在光照条件比较均匀的情况下，机内自动曝光拍摄的图像色彩鲜艳、生动、自然，影像也十分逼真。自动曝光可以尽显优势，并省去摄像师的许多麻烦，给拍摄工作带来方便。但是在光照条件不均匀时，例如在室内与自然光混合的情况下拍摄，人物背后是窗户，背景明亮，则此时拍出来的人物脸部阴暗甚至漆黑；或者又如在剧场里拍摄明亮的舞台，人在亮处而周围环境较暗，拍出来的人物脸部花白一团时，自动曝光的优势就荡然无存。所以，自动曝光只能非常机械死板地计算平均曝光值，选择的光圈有时也不符合现场的实际需要，会造成这样或那样啼笑皆非的现象。

更重要的是，自动曝光常受到现场拍摄环境的影响。例如，在镜头前有深色或浅色物体介入后，自动曝光功能会重新进行测算并改变曝光值，从而造成画面明暗变化的跳跃，出现与拍摄意图相悖的情景。应该说，自动曝光为初学者提供了良好的辅助功能，也为专业摄像

图 15，现代视频器材的自动曝光可以提供十分强大的曝光功能，适应与满足大多数场景的拍摄。

师提供了一种应急的快速手段。在有足够条件的情况下，拍摄者还需认真结合曝光原理，手动调节曝光数据。

接下来，我们详细讲述应该怎样手动曝光。

（2）手动曝光

略微专业的视频器材均设有手动曝光档位，方便使用者人为控制曝光，获得较为准确的画面或主观性的画面。一般为达到合理曝光的效果，我们应掌握以下这些要领。

第一是改变景别与拍摄角度之后需调整曝光。一般说来，在室内拍摄应尽可能避开门窗等明亮背景，以免主体人物脸部曝光不足而导致图像变黑，此原理可应用于对需要隐去面部形象的人物拍摄。

不能避开门窗的，可采用小景别拍摄使主体人物占据画面较大面积，这样自动曝光功能所选取的曝光值，尚能基本接近主体人物的实际光照情况。

变换机位改变拍摄角度，让门窗占画面较小面积，从而使自动曝光值尽可能接近于准确。拍摄周围环境较暗而人物处于亮部的景物时，应选用适当的景别把暗部排斥于画框之外，使所摄画面的光照情况大致均匀，得到基本准确的曝光值。白天在室外拍摄人物应避免背景天空太多，夜间拍摄还应避开直射镜头的灯光。

第二是运用逆光补偿或手动选择光圈之后需调整曝光。视频器材一般都设置有逆光补偿功能装置，按动这个钮，可以增加曝光量。较高级的视频器材设置有光圈选择装置，不但可以增加曝光量，还可以减少曝光量。

各种视频器材的光圈选择装置不尽相同，有的是逐级加减，有的是无级加减。背景亮、人物暗，可采用增加曝光量的方法，或给人物补光提高人物亮度。背景暗、人物亮，可采用减少曝光量的方法，或给背景补光提高背景亮度。

第三是使用滤色片后需调整曝光。专业级或广播级视频器材常设有 5600K+1/8ND（中灰）滤色片，用于室外太阳光过强情况下的拍摄。视频器材自动控制保证准确曝光，必然就增大三级光圈。有的视频器材有两档滤色片 ND1 和 ND2 可供选用，分别设定为照度的 1/4 和 1/32，即相应地要变动两级光圈和五级光圈。还有某些新型视频器材设置 1/4、1/16 和 1/64 等多档灰片，

更有利于满足各种光线条件和不同创
作要求的拍摄。

　　第四是利用斑马纹装置后需调
整曝光。有些视频器材还设有斑马纹
（ZEBRA）指示装置，用于判断主体曝
光是否准确。被摄物体亮度超过了一
定电平值后，其图像部分才能得以显
示，由此可以检查被摄物体的亮度情
况。视频器材斑纹指示电平设定一般
为 70%，拍摄时测光可选用人物脸部，
采用手动方式调整曝光便可得到所需
的图像亮度。

图 16，在室内等较为复杂的光线环境中拍摄，手动曝光更加准确、忠实，
防止视频器材因光线变化过大而不停地自动调节。

　　第五是运用增益功能后需调整曝
光。有的视频器材设有增益装置，通
常增益值在 0dB~18dB 之间，在光照
极暗的环境下拍摄，可用来增加画面
图像亮度。增益值每提高 6dB 大约相
当于增大一级光圈。我们可以理解机
器对电子感光元件的内部加大的电流，
从对本来暗部的画面进行提亮的过程。

图 17，在一些更为复杂的光线环境下，手动曝光的优势就得到了充分的
显现。

　　增益功能务必要慎用，它往往以牺牲其他图像质量指标为代价。拍摄中如遇光照较暗，尽
可能设法改善拍摄现场的照明条件，比如开窗、增加灯光照明、用反光板等。

　　合理地运用手动曝光控制法，可以人为地营造特殊效果进行创作，丰富作品的表现，增添
拍摄中的乐趣。这个过程需要摄像师们活学活用，切忌不能生搬硬套，最好能够结合自己拍摄
任务提前尝试、多次尝试。由于现在数字视频器材都配有较好的彩色寻像器或监视器等，我们
可以在观察这些具体画面后做出合理的判断。此外，摄像师也应多看各种经典画面，预想镜头
的效果，为合理的曝光做好准备。

2.4 清晰对焦

　　对焦是指景物反射光通过透镜调整成像并直至清晰的过程。我们通过操控、调节镜头上的
调焦环，使被摄物体的影像落在焦平面上形成清晰的画面，即在取景器或监视器中看到被摄物
体由模糊调整成清晰的过程就是对焦。在对焦中，光线通过透镜会聚在胶片或是电子感光元件
上形成清晰的点，叫作焦点。这个点所在的横截面也是所有被摄物体中最为清楚的那个部分。

　　一般来说，对焦可以采取两种方式，第一种是视频器材本身具有的自动对焦功能，第二种

是视频器材上的手动对焦功能。它们分别方便用户在不同的条件下使用，用户也应该结合实际情况灵活选择。对于大部分用户来说，自动对焦有着无可比拟的优越性，适合大部分情况下使用；而手动对焦可以满足极端环境下的拍摄需要。两者各有所长，用户需经常结合，才能获得最好的拍摄效果。尤其是目前的高清摄录机，其显示清晰、画面鲜艳、物体逼真，对画面对焦的要求特别严格，稍有不慎，即会造成脱焦、虚焦等情况，从而造成画面的拍摄失误。

（1）两种对焦方式

各种视频器材上均设有自动对焦（AF）功能，而高端视频器材上还会设有比较丰富的手动对焦（MF）功能，满足专业拍摄的需要。

下面我们将分别简述视频器材的自动对焦和手动对焦。

①自动对焦

自动对焦，是指视频器材在寻像器取景范围内自动选择对焦清晰的点。视频器材的自动对焦分为两大类，一类是主动式自动对焦，另一类是被动式自动对焦。

主动式自动对焦是指视频器材发出一系列可见光或是红外线光，通过物体反射后回到视频器材，视频器材的对焦系统自动计算出镜头与物体之间的距离，驱动电动马达完成合焦。

被动式自动对焦方式是指在视频器材内设置两组对焦镜：一组为固定对焦镜，用来作为物体成像的标准；另一组为浮动对焦镜，用来作为物体运动时成像的标准。如果两组成像相互吻合，即完成合焦。如果两组成像不能相互吻合，则视频器材驱动镜头马达直至成像吻合为止，即完成合焦。

从上述情况来看，被动式自动对焦的准确性和方便性要优于主动式自动对焦，所以这也是大部分高端和专业视频器材上的首选配置。各类视频器材品牌由于自身技术不同，会产生一些差异，但总体的技术水平是接近的，这也是视频器材发展至今的一个共同趋势。需要指出的是，无论何种视频器材，对于反差明显、颜色鲜艳、受光完整的物体，都有良好的自动对焦反应；反之，如反差较弱、颜色接近、受光不均、亮度不够，则会出现合焦不准，甚至是无法对焦的现象。

目前，市场上的家用或非专业视频器材只配有简单的自动对焦，而档次稍高的视频器材不但有自动对焦，还有手动辅助。可以说，越是高端的视频器材，越强调手动功能，而弱化自动功能。某些专业摄录机为便于手动对焦的操作，让摄像师看清物体准确对焦的位置以优化拍摄效果，还特别设置了轮廓勾画功能，即在寻像器中可看出在物体焦点聚实部位呈现蓝色或红、绿色边沿，便于手动对焦的合焦率。

虽然自动对焦功能会给你带来方便，但是有时也会造成很多不必要的麻烦。比如，画面中的

图18，现代视频器材可以提供良好的对焦功能，即使在如此低照度的环境下，也能拍摄出十分锐利、清晰的画面。

主体或人物焦点本来已被自动聚实，假如这时镜头里出现新的被摄元素，视频器材会重新对加入的物体或人进行二次自动对焦，造成需要拍摄的主体或人物模糊。有的视频器材对焦速度较慢，对焦初始时，成像松散，没有固定的对焦点或物体，如果此时主体占据画面面积较小或在画面一侧，则往往会造成对焦失败；而如果此时使用变焦推拉拍摄，由于焦距渐长、景深趋小，自动对焦速度迟缓、对焦犹豫，则被对焦的主体常常会虚化和模糊。

此外，画框内场景发生变化，焦点也会随之变动。当我们在使用摇摄镜头或者画面里有人物出入时，自动对焦功能均受其影响而会重新做出调整，造成当前焦点的脱离。这样一来，就会造成焦点位置上的主体在画面上表现出时断时续、物体闪烁变化、镜头不停地前后对焦等状况。

由于大部分视频器材的自动对焦功能在选择合适焦点时十分笼统，且当对焦目标为运动物体时，任何视频器材均不可能做到完全的精确合焦，更是难以精准聚实你所期望的具体部位。这是自动对焦的致命弱点。

凡是有较高创作意图的作品，拍摄者应当全部采用手动对焦方式。我们发现，电影工业发展至今，很多电影设备已经完全自动化和数字化，唯一没有使用自动功能的就是镜头对焦。通常在电影拍摄中，掌镜摄影师旁边会配有专门的跟焦员，其目的就是为了保证对焦的正确性。

所以，当我们了解了视频器材的自动对焦后，就不应一味地依赖机器的自动功能，而应当从这些功能和原理出发在拍摄中进行适当的手动调整，这样才能真正提高拍摄的技艺，将自己的拍摄意图真切地贯彻到拍摄画面中。

②手动对焦

手动对焦是指由视频拍摄者本人转动和调整对焦环的办法进行合焦的过程。这是各类专业摄像师必须掌握的必备技能之一，也是摄像师在应对某些特殊情况下的补救办法。手动对焦方法非常简单，拍摄者将左手转动镜头前的对焦橡胶环，或是拨动对焦拨杆，滑动到画面预期的清晰位置即可。

这里需要指出，各种视频器材的对焦均是采用由近及远的工作方式，各种不同品牌间稍有微许的差异，有些为逆时针，有些为顺时针，但无论哪种品牌都是从近处开始，到远处结束。这就提醒拍摄者在熟练操作的前提下，无须每次从近处开始至远处结束，而是灵活预估对焦距离，及时迅速完成合焦。

手动对焦的最大优势是可随拍摄者的意愿确定焦点，实时改变对焦物体。如果拍摄者能够经常使用、熟练操作，则能较方便地应用自如。长时间使用后还会发现，手动对焦在各种复杂情况下要远优于自动对焦方式。只是手动对焦初学起来需要费一些精力，初学者如果操作生

图 19，在低照度的条件下拍摄时，不仅需要摄像师手动对焦，而且还要手动测量对焦距离，以保证画面的清晰、锐利。

疏，在考虑取景构图的同时还要忙于对焦的话，那么常常会有些难以兼顾。

（2）具体操作

　　根据拍摄情况，一般景物对焦的操作步骤如下：先将镜头焦距推至长焦段，对被摄主体对焦。接下来将镜头焦距拉回到拍摄所需要的合适景别位置，然后开始拍摄目标。这种方式比较适合有变焦的镜头进行，如果是定焦镜头或是地方狭窄时，可以通过确定画面大小，然后使用手动或自动与手动辅助相互进行。拍摄推镜头时，应先以落幅位置对被摄物体对焦，然后拉开到预备起幅的位置，才能开始拍摄。

　　拍摄运动物体，尤其是纵向运动物体，应随物体位置的变化采用焦点跟踪技巧，即一边拍摄一边调整。这种操作技法初学起来有一定难度，必须经过反复练习才能方便掌握。由于拍摄此类镜头对拍摄者的要求较高，因此可以采用自动与手动相互结合的方式完成，即在自动跟焦中采用手动辅助的方式。如果有条件预演场景，摄像师可提前预演几次，也能较好地保证效果。

　　对可以预见的运动目标，可采用预设焦点的方法拍摄。比如拍摄运动员跳水镜头时，就可用中长焦镜头将焦点设定在入水位置，再还原到运动员起跳时的场景中，这样就能比较准确地完成对焦。这些方法和手段都是比较常见，也是摄像师经常使用的办法，读者可以结合自己的拍摄习惯预备几种方式，不断提高对焦的准确率。

　　另外，各类影视作品还经常采用手动对焦的方式拍摄景物，来实现焦点虚实，从而过渡或转换画面。采用手动对焦拍摄"由虚转实"的具体操作步骤如下：首先对景物取景，获得准确的构图画面；接下来虚化焦点，使原先景物影像变得模糊，画面上即会显现柔和、淡雅、虚幻的斑斓色块，景物中明亮的斑点便可形成圆形或正六边形的彩色光斑，此时可以按动摄录钮开始拍摄；接下来，通过手动对焦环钮，让景物由虚变实，完成拍摄。最后注意，在对焦过程中要平缓、均匀，当画面景物逐渐清晰显现时，要让观众产生豁然开朗的画面效果。

　　同理，拍摄焦点"由实到虚"的转化镜头，可按照上述操作步骤逆向进行，亦可实现预期效果。

（3）实际运用

　　运用手动对焦，景物焦点由虚转实的片头，富有强烈的抒情色彩，相当于故事的楔子一样，将观众引入预设场景之中。各类影视剧或影像作品经常使用这种办法。尤其在电影片段中，这种方式作为一种固定的开场白，已经

图 20，电影拍摄即使到今天仍然沿用手动对焦方式，以确保影像拍摄的准确度。

成为某类影片的套路。

一般来说，视频画面主体的焦点
应当聚实，可是有时也会故意把主体
虚化，这些都是比较巧妙的表现手法。
运用手动对焦进行景物虚实转化是无
技巧编辑的一种手段。画面"由实转
虚"接"由虚转实"，表现场景转换，
新颖别致又妙趣横生，但又是人尽皆
知的方法。所以好作品不一定需要复
杂的技术堆砌，而是应该知道如何合
理搭配使用。

图 21，在实际使用中，手动对焦可以弥补自动对焦的不足与缺陷。图为摄
像师在拍摄前，进行对焦测试。

运用手动对焦进行虚实转化的拍摄方法，它的要领在于转化前后两个物体应有相似点。各
类镜头的转化要有前后组接，不能生搬硬套，摄像师在拍摄前可自行预演几次，以确认其是否
具备转换的条件和光线。

此外，变换焦点以突出主体也是一种常见的基本手法。变换焦点拍摄法的秘诀在于，两者
必须有足够的纵深距离，并用长焦距镜头中的大光圈拍摄，方可确保景物的虚化自然与真实。
如今某些新型摄录机上设计了焦点转换预设功能，即将原本需要通过手动操作的焦点转换交由
摄录机自动完成，从而确保获得符合你预想的画面效果，其过程为：转换起始状态设定为 A，
结束状态设定为 B，启动定时及转换持续时间长度等，可预设后储存在视频器材中；继而选择
转换曲线，如直接线性转换、软转换或软停止等各种预置场景，就可以把繁复的手动调节交由
视频器材来自动执行。这些都是新技术带来的便捷与高效，拍摄者亦可结合各类视频器材的功
能，自行研究出其他更为复杂的画面效果。

2.5 方向与角度

视频器材的硬件设备调试完毕，就可以进入影像的拍摄准备。在正式开拍前，我们需要解
决视频器材的站位，也就是拍摄者使用视频器材的工作位置，确定了视频器材的机位也就明确
了画面的视点。

视频器材的视点包括方向、角度、距离等诸多因素，我们将它们归纳在两个主要方面，就
是视频器材的方向和角度。它们决定了视频器材的工作位置、与被摄物体的距离、俯仰等诸多
细节。

视频器材的角度与方位变化还意味着其他诸多关系的改变，从而会引起被摄物体间透视关
系的调整，形成不同的构图等。选择机位实际上是对所要拍摄的对象进行观察和安排，拍摄者
应根据内容与主题以及现场环境合理分配、巧妙布置。

（1）拍摄方向

画面的拍摄方向是指视频器材镜头与被摄主体在水平面上的相对位置。如果以被摄主体为中心，水平面上选择机位，可产生正面、侧面、背面和斜侧面等四个水平方向上的拍摄位置。

①正面拍摄

正面拍摄，不言而喻就是视频器材在主体正前方的拍摄。正面拍摄有利于表现人物脸部形象和表情动作，方便与观众直接交流，给人以亲切感。正面拍摄还有利于表现物体的正面特征和横向线条，通过正面的拍摄，人物能显示庄重与严肃。但正面拍摄的空间透视感较差，景物缺乏立体感，造型效果不佳，画面还会显得过于呆板。比如，我们经常看到的新闻类节目，新闻人物之间在会面时便会采用这种比较典型的方式，既落落大方，又遵循传统，表现出新闻人物的大方、庄重和权威感。

②侧面拍摄

侧面拍摄是指视频器材镜头轴线与主体朝向基本垂直方向的拍摄。侧面拍摄具有表现被摄物体运动的优势，包括运动方向、运动状态和运行路径等，还能反映出主体的立体形态。侧面拍摄有利于表现人物的侧面姿态和优美的轮廓，同时侧面拍摄也适合表现人物之间的交流、冲突或对抗等。但侧面拍摄仅反映主体的侧面形象，缺乏交流，需同正面拍摄结合运用。比如长跑比赛中的侧面拍摄以可用来表现运动员的前后对比关系，以及他们之间你追我赶的竞争态势。

图 22，正面拍摄有利于表现人物的形象与表情，但会缺少一定的空间感，有时显得扁平且缺乏生气。

③背面拍摄

背面拍摄是指从被摄对象背后进行的拍摄。背面拍摄反映出场景中的第四个面，突出了主体后方的陪体与环境，给人以一个崭新的视觉形象。背面拍摄将主体与背景融为一体，画面视角与主体一致，从而产生主观观看的效果。在背面拍摄，人物的面部表情退居次位，但动作姿中态却得到自然展现，这样就可以比较隐含地反映出人物的心理活动，为人物塑造添加丰富性。由于看不见人物的表情，同时也具有不确定性，因此背面拍摄往往给观众以思考、想象的余地。比如，

图 23，侧面拍摄可以展现主体的形态，在表现人物时还可以体现其优美的轮廓。

在很多谍战剧中，我们常发现主人公在深陷困局时，有一段背影式的拍摄，用来表现出其复杂的心理斗争和矛盾等。

④斜侧面拍摄

斜侧面拍摄是指视频器材与主体成一定角度，包括前侧面与后侧面。斜侧面拍摄的画面具有较强的立体感和纵深感，适合表现人物或物体的立体外形。由于斜侧面方向拍摄，会造成主体的横线条倾斜，产生明显的透视效果，因此，拍摄出的画面生动而又活泼。斜侧面拍摄还有利于安排主体、陪体，区分主次关系，突出主体。

（2）拍摄高度

画面的拍摄高度决定了视频器材镜头轴线与被摄体水平线在垂直方向形成的一定角度，这个角度受拍摄距离的影响。同样的高度，在不同距离内所形成的仰、俯角度也会有所不同。换句话说，拍摄的不同高度决定了拍摄机位的高、中、低。不同的拍摄高度可产生平视、仰视、俯视等不同角度的构图变化，其画面视觉效果也能引起不同的情感表达，具有不同的视觉语言功能。

①平视拍摄

平视拍摄是指视频器材与被摄对象处于同一水平线。这是人们正常的观察视角，所摄主体不易变形，画面平稳。平视拍摄的画面得体大方，拍摄的人物显得真切亲近。无论是人物还是物体，通过平视拍摄的画面都具有一种与画面外的观众强烈的交流感，令观众身临其境。

同时，平视拍摄的画面显得客观公正，也是纪实类节目中常用的拍摄方法，如果使用长焦距镜头平摄，则可以压缩纵向空间，使画面形象更加饱满紧凑。但是，假如整部作品千篇一律地全部采用平视的角度加以拍摄，那么拍出来的画面则会略显平淡，而且在使用长焦镜头后会产生前后的重叠，使人感到强烈的堵塞感，画面效果也会让人觉得乏味无趣。

②仰视拍摄

仰视拍摄是指视频器材由低处朝向高处的拍摄方法。仰摄画面中的地平线较低，甚至置于画框外，景物却占主要地位，常会使用天空或某单一物体做背景，具有净化背景、突出主体的作用。

如果使用仰视拍摄主体人物的跳跃动作，则能形成特别夸张的腾空感，产生强烈的视觉冲击；如果使用广角镜头进行仰视拍摄，则会夸大前景，压低背景，形成明显的透视关系；如果使用仰视拍摄运动的人物，则会夸大纵向运动的幅度，从而产生加快向前的速度感。

图24，平视拍摄是指与正常人视线相平的角度的拍摄，是各类拍摄中较为常见的形式之一。

由于仰视拍摄的主体向上延伸，显得特别高大挺拔，从而可以强调其高度和气势，因此使用仰视拍摄可以表现崇敬、自豪等感情色彩，但必须注意切莫出现明显的人为痕迹，若过于做作，以致成为某种模式则会招致反感，让人顿觉索然无味。虽然仰视拍摄能使人物显得轩昂，但必须注意它也可能会使人物严重变形或使物体倾斜失重造成不稳定的感觉。

图 25，仰视拍摄增加主体的高度，同时具有强烈的垂直感。

③俯视拍摄

俯视拍摄是指视频器材位置高于被摄主体，从高处向低处拍摄的方法。俯视拍摄机位较高，地平线被安排在画面上方或置于画框之外，这样有利于展示场景内的景物层次或环境规模，常被用来反映整体气氛和宏大场面。

俯摄画面使原本在平摄时重叠的人或物体在地平面上铺展开来，可以

图 26，俯视拍摄可以展现全体的概貌，给人以平缓、舒张的视角感受。

清楚地看出他们之间的空间构成与位置关系，也可以表现主体的运动轨迹，有时还能反映出某种冲突或力量对比，但由于看不出主体的全部表情，因此并不利于表现相互间情感表露与交流。

俯视拍摄时，视野开阔，如果安排得当，画面构图则能布局优美、构成有序；但如果不仔细观察，则会出现景物繁杂琐碎，布局稀疏松散的情况。

在俯视拍摄中，画面里的人物一般显得比较渺小、低矮，所以很有可能起到丑化人物形象的作用，拍摄者在实际运用时应当小心使用。一般而言，俯视拍摄还往往带有贬低、轻蔑等情感，画面也有可能体现出阴沉、忧郁，乃至悲怆的感情色彩。

④鸟瞰

鸟瞰是俯视拍摄中的一个极端状态，视频器材在被摄主体的上方，占据几乎垂直的位置进行拍摄。鸟瞰画面特别强调被摄对象之间的相互位置关系，并呈现主体的运动轨迹。鸟瞰画面具有强烈的视觉冲击，可以突出表现所摄物体的形式、图案和几何构成。

另外，鸟瞰也被称为上帝之眼，它用一种俯视全局和脱离关系的态度，冷眼旁观地观察地面上的物体和人物。也可以说，这是唯一一种必须借助器材才能拍摄的画面，它使用摇臂或拍摄者爬上高处等方法才能完成镜头，具有一种全面介绍的功能。比如，国庆阅兵，通过机载视频器材镜头我们能够看到广场上人山人海的场面，同时感受到民众的喜悦之情等。

我们必须指出，摄像师要根据拍摄内容和主体特征等各种具体情况，选择合适的拍摄高度

和方向，尽可能采用多种角度来表现同一主题，从而使画面内容丰富，镜头形式活泼多样。同时，摄像师还应按作品要求和个人创作风格来确定恰当的拍摄机位，也要兼顾所摄影片的总体视觉效果。当然，摄像师更要注意画面的客观性和表现手法的含蓄性等，以避免落入镜头只表现褒贬模式的俗套。

图27，鸟瞰是俯视拍摄中的一种特例，原意是指像鸟类一样的俯瞰角度，后泛指一种拍摄的角度。

在实际运用时，我们往往把拍摄方向和拍摄高度综合起来使用，同时加以一定的运动，这种把拍摄方向和高度结合起来的办法称为拍摄的角度。换言之，拍摄角度包含了以上两个分解动作。如果我们在拍摄时确定了方向、高度，再确定一定的距离，其实就是确定了拍摄的具体位置和运动轨迹，也可以说此时的视频器材像人眼一样真正具有了视点。

2.6 距离与景别

摄像师在现场需要对实景中的部分进行一定的截取和选择，这个过程就是拍摄视频时所说的取景。取景时，我们对拍摄的对象有着大小和主次之分，而取景也可以理解为摄像师在现实场景中主动选取最理想的画面，并使之成为整个影像主体的过程。

通过视频器材的取景，我们可以确定场景中需要表现的视觉元素，舍弃另一些多余的视觉元素，并同时考虑视频器材如何放置，且以最佳角度、焦距、距离来进行工作的流程。通常，摄像师在取景时需要考虑到画面的合理性、规范性和整体性这几个主要特征。

因而，确定视频的景别其实是一个庞大而系统的过程。在这个过程中，摄像师的脑中必须考虑到观众想看什么，以及用怎样的画面呈现出最佳效果等。而在整个拍摄构思中，景别的大小和分类则对影像的最后表现有着很大的影响。苛刻地讲，整部影片就是由不同景别画面组合而成的结果，所以学会识别、学会拍摄和学会运用景别就成为拍摄镜头的开始。

（1）拍摄距离

拍摄距离是视频器材在现场时与被摄主体之间的距离关系。一般它和创作意图、拍摄环境、摄像师的现场应变能力等因素有关。我们需要根据画面拍摄的实际情况和现场具体的工

图28，拍摄距离和主题以及拍摄内容密切相关。如图，镜头与演员之间的拍摄距离使得观众在银幕前观看时宛若身临其境。

作环境来确定视频器材的距离。

以一个固定焦距来看，不同的拍摄距离会影响到主体在画面上成像的大小不同。其最明显的效果是使用广角类焦距镜头时，画面呈现近大远小的效果，可以构成不同的画面表现。如果以一个变焦镜头来观察，不同的拍摄距离则可以由变焦镜头来弥补。此时，视频器材和被摄主体间的空间距离主要用来影响观众的心理和情绪变化。

这是通常我们在拍摄中一个不容易重视的细节。人们认为远近大小只要在变焦镜头的配合下就可以随意变动，岂不知在拍摄距离没有变化的情况下，广角的畸变和长焦的压缩都会使观众产生不同的心理效果。

一般来说，凡是现场环境和拍摄条件允许的情况下，选择近距离并用短焦距镜拍摄，画面较容易稳定，且能产生大景深效果，清晰度也相对较高；而在现场环境宽裕的情况下，选择长焦镜头拍摄，画面可以产生前后虚实并且可以出现压缩环境的效果，同时画面清晰度也会相对减弱。拍摄者可以通过实际运用，细心体会其中的差异，其实惯用长焦的影片和惯用广角的影片俯拾皆是，大家只要认真研究一两部这样的片子就能很快了然于心。

（2）景别分类

对于拍摄距离来说，它和焦距的相互搭配可以决定拍摄中的一个关键因素，即景别。景别是指被摄主体和画面形象在屏幕框架结构中所呈现出的大小和范围。

在生活中，人们普遍都有这样的心理：当你对某一人物或事件感兴趣时，总希望能从不同距离、不同角度去观察，视频画面中不同景别的运用正是适应和满足了这种心理需求。由于镜头景别的变化使画面形象在屏幕上产生面积大小的变化，从而为观众提供了接近主体或远离主体的视觉效果。

根据画面由大到小的变化，我们将景别分为远景（大全景）、全景、中景、近景、特写等五种类别。在不同的景别中，相同的拍摄主体和人物会有不同的表现效果。景别大，拍摄范围大，画面中主体与人物的表现面积会变小；景别小，拍摄范围小，画面中主体与人物的表现面积变大。

①远景

远景又称大全景，它主要展示开阔的场面，表现空间宏大的规模。因其画面容量最大，所以在画面中人或主体的表现面积很小。通常，远景将大自然或大范围环境作为表现对象。比如，在拍摄非洲草原时，此类镜头常用来表现动物的渺小和自然的伟岸。

②全景

全景指表现被摄对象的全貌和其所处的整体环境。这里，被摄对象可以是一个或是多个，在画面中占据的比例较大，甚至会充满整个屏幕。其中，能完整表现人物全身和形体动作，并

图 29，远景指开阔、巨大的场面，具有空间宏大的规模和气势。

图 30，全景可以展现一个比较完整的场景或地点，表现在该区域内的环境气氛和人物全身形象等。

能兼具部分环境的景别，称为人全景。在具体拍摄中，有时候全景和远景无法详加细分，摄像师可以按照拍摄现场自由操控，不用完全受限于基本定义的表述。通常，全景是我们最常见的画面之一，比如在舞台演出的歌手、正在步行的路人、建筑的整体、场地的全貌等。

③中景

中景划分以我们正常成年人为标准，当表现人膝盖以上的部分，或与其大致相当的局部物体时，即称为中景。这是日常镜头中最多的景别之一。在各类画面中，中景多用来表现人物的谈话和情绪交流，既能恰当地看到人物周围的环境，又能观察到人物的外貌和脸部表情，因此常被各类新闻节目、访谈节目、直播视频等作为标准画面来使用。

④近景

近景是显示人物胸部以上部分，或与其等大物体时的画面。它用来表现人物的面部表情和神态，同时可以刻画人物性格，反映物体某个局部的具体面貌等。近景介于中景和特写之间，可以很好地弥补两种镜头过渡时的不足和空白，起到较好的衔接作用。在系列画面拍摄时，近景画面可以解决镜头组接中的画面跳跃感，从而减少突兀的视觉心理。

⑤特写

特写指突出表现人物肩部以上部分，或物体细小局部的画面。它可以使观众清楚地看到人物的神态变化、细致表情以及眼神交流等。通常，特写将主体中人们关注的局部放大，并加以强烈的关注，因此具有十足的视觉冲击力。其中，一些更小的聚焦画面，被称为大特写。它主要用来重点表现人物细节，或是某个物体中特别值得关注的部分，具有一定的主观倾向。

景别以拍摄主体作为划分标准，在拍摄人物时，一般可以借鉴正常成年男性为参考对象；如果拍摄表现的主体是物体，则可将该物体作为划分标准。同时，景别划分也是一种人为的相对结果。比如，对一根树枝而言，就树叶看，树枝即全景；而就整棵树看，则是近景或特写。

所以，在划分景别时，我们需根据具体情况灵活掌握。同样的景别，随着人物大小及拍摄范围的变化，也会造成画面效果的相应变化。有时候，由于拍摄内容和对象的改变，有必要进行一些人为化的调整，以符合整部影像的风格。

图31，特写指突出 表现人物肩部以上部分，或物体细小局部的画面，通过镜头的引导来强调事物的重要性。

（3）景别作用

摄像师通过调整景别，可以对画面中的主体进行一定的取舍和组织，引导观众的视觉注意力；同时，通过调整景别，还可以规范画面的内部空间，起到暗示画面外部空间的作用。景别是一种决定观众观看内容和方式，并对观看内容进行遴选的人工过程和有效手段。

首先，不同的景别可以产生不同的视觉距离，不同的景别可以表现物体间不同的主次关系，不同的景别可以对观众的视线产生不同的约束作用。其次，不同的景别能影响视觉节奏的变化，形成不同作品的不同风格。最后，不同的景别承担着不同的表意功能。

为便于掌握要点，对于景别，一般简述为：远景重气势，全景重气氛，中景重形体，近景重表情，特写重神态。详述如下：

A. 远景。远景能表现自然环境和宏大场面，加强画面的真实性。远景中画面人物与环境结合，能够反映特别的情绪效果。远景便于表现主体的活动范围和运动轨迹。远景还可以让观众在心理上产生过渡感或退出感等。远景常用于影视片的开头、结束或场景的转换中，形成某种特有的视觉节奏或是用以调节视觉转换等。

B. 全景。全景决定场景中的空间关系，常常起到定位的作用，也是每一个场景中的主要镜头。全景中既有人物活动，又有环境空间，还能表现出环境中某些气氛。全景通常能完整而又

图32，远景常用于影片的开头或转场，用以形成某种基调或是视觉节奏等。图为《阿拉伯的劳伦斯》中的远景画面。

图33，中景有利于主体的动作表现，同时将观众的视线集中在主体上。图为《乱世佳人》中的中景画面。

图34，近景用来表现人物的面部表情，同时还具有对某个物体局部收拢视线的作用。图为《西北偏北》中的近景画面。

清楚地表现主体的活动范围、形体姿态和运动轨迹。全景画面在各种表现中可以形成幽雅、缓慢的视觉节奏等。

C. 中景。中景主要表现紧凑空间内的人物活动和相互关系，与人们现实生活中人眼所见的空间关系最接近，符合观众的观看习惯。中景有利于表现主体的动作形态，交代人物身份和各自特征。中景还能通过一定的环境烘托，推动叙事情节的发展。中景画面最大的作用是能引导观众的视线集中于主体人物的形体、动作之上，使人物的举止得到有效的展现。

D. 近景。近景善于表现人物的面部表情，是用来刻画人物性格的主要景别。近景有明确的指向作用，有利于表现主体富有特殊含义的局部，从而达到实现突出主体的作用。近景画面中人物所占面积较大，空间范围较小，能够形成较近的视觉感受。近景还能缩小观众与镜头内人物的心理距离，形成身临其境的感受，产生情绪上的共鸣等。

E. 特写。特写景别用于突出表现某一局部、放大某个细节、反映质感并形成清晰的视觉形象。特写具有表现人物神情的优势，揭示人物的内心世界。特写镜头具有强烈的指向作用，可以有效引导观众的注意力。特写镜头的残缺和聚焦也会形成一定的心理暗示，给观众提供画面外的想象。由于特写镜头分割了主体与环境的联系，表现不确定的空间方位，因而常被用作过渡镜头和补充镜头，组接一些无法合成的片段等。

（4）运用效果

在电影、电视制作中，导演选择何种景别，取决于导演想给观众看什么，以怎样的角度去看，看了这些画面后会产生怎样的视觉效果、心理反应；同时还取决于作品特定的艺术效果和风格等。

在一般的影像制作中，摄像师就担当起了导演的角色，他们需要事先安排好整部影像的景别构成。根据影像的具体情况，摄像师会按需拍摄一系列成套的景别镜头，有时候，为了利

图 35. 特写用来突出某个局部或是某个物体的具体细节，反映拍摄者具有指定性或是强制性的部分。

于后期制作的方便，甚至需要多方位、多角度、多景别的拍摄备份。

经过摄像师合理选择、细致分类的拍摄之后，不同的景别就可以形成一个较为系统的整体，一部作品的前期才算大致完成。一般而言，还有两个方向需要初学者注意：

其一是遵守景别规律。景别的规律通常分为逐步递进式和跳跃间隔式。逐步递进式是一种逐级慢慢推进的变化形式，以远景、全景、中景、近景、特写的方式逐步靠近，又以特写、近景、中景、全景、远景的方式逐步远离。跳跃间隔式是一种越级递进的变化形式，如远景、中景、近景的变化或全景、近景、特写的变化等。

其二是突破一般景别规律。根据每种景别的具体作用，摄像师以完成影像整体叙事和视觉逻辑为目的，可以随机应变地选择合适的景别。在实际拍摄和后期剪辑中，如果为阐述一个具体故事或特定人物，按照标准景别组织画面会显得冗长或不足，那么，就必须按照实际情况，灵活调整，突破常规。比如，在拍摄冲突画面时，景别的变化可以适当随意、无序，以造成情节的紧张、混乱，以及强烈的视觉变化，从而为影片增加更多的艺术效果。

思考重点：

? 1. 了解透视原理，理解视频器材与透视、空间的相互关系。

2. 了解黄金分割的原理，并能在构图中使用三分法原则。

3. 理解设计与画面构图的关系，能在实践中运用并实施设计的理念。

第三章 视频画面的构图

画面构图是为表现某一特定内容和视觉效果，将被摄对象及造型元素有机地组织、安排在画面中，并形成一定关系的办法。同时，画面构图也是拍摄者的一种思维与心理过程。

摄像师从无序的现实世界中找到秩序和规律，把散乱的点、线、面和光、影、色彩等诸多视觉元素组织成可以使人理解、悦目的画面，还能传递影像制作者的某种情感。另外，构图拍摄还需要拍摄者的体力支撑与帮助。可以说，构图是一项兼具脑力和体力的复杂劳动。

由此，可以看到画面构图能够使影像的主题思想和创作意图形象化，是我们在形象创作中的一种重要手段。构图的形式和方法等往往代表了拍摄者的审美水平、艺术修养、创作风格、文化背景以及历史阶段等诸项信息。

3.1 总体概述

画面构图是镜头语言表达的基础，也是反映视频内容的外在表现形式。画面构图以平面的屏幕再现和创造出现实的立体空间。通过有限的画幅，我们可以表现无限的空间景物，获得无尽的想象。

（1）基本要领

对于画面的构图，我们总结了一些宏观的要素，希望拍摄者从一个整体的高度来理解与把握图像与内容的关系。时刻牢记，视频是一项用图像和造型示意的艺术创作，也是一个以图达情的心理过程。

首先，对于构图来说，这是我们影像创作中意图显现的过程，我们应在拍摄中以明确的形式传达出编导的主题思想。

其次，构图与景别关系紧密。我们在运用构图时，不可顾此失彼。景别在拍摄中比较侧重于主体人物，适合表现人物的大小和背景等。而构图则是指整个画面内部结构的布局与大小关系等。一句话，景别要通过构图来表现，构图是支撑景别内部的重要组织形式。

另外，主体形象突出与否，是我们衡量画面构图优劣的主要标准之一。我们在构图时应当

图1，主体形象的突出与否，有时是我们衡量画面构图优劣的主要标准之一。大小失调、主次颠倒都会影响影像的画面效果。

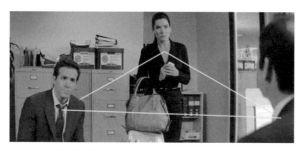

图2，画面在交代主体或人物时需要考虑各个个体间的合理搭配。

图3，构图需要注意疏密得当，以缓解视觉的紧张，有时还可以反其道而行。

体现出鲜明的风格，将协调的构图画面奉献给观众，给人带来美的享受。

最后，无论何种视频构图，都应当简练明快，切忌繁杂琐碎。构图画面是对现实空间的省略与升华，画外空间需借助观众的想象去进行补充，这才是好构图的真正内涵。如果将所有的景物表现得一览无余，则会让人感到画面缺乏重点。

（2）拍摄技巧

画面构图要求平。平整的画面是拍摄的基本要求之一。这里的平是指画面构图要求横平竖直，建筑物的主体轴线要垂直于画框横边，地平线应平行于画框的横边，且不能居中，要根据实际情况决定其偏上或偏下。

画面构图要求自然。我们在拍摄各种景物时，尤其是拍摄人物时，构图应注意画面要自然而具美感。各种景别安排均要考虑到主体人物的完美协调，不可拖沓凌乱。

画面构图要求疏密得当。我们在拍摄画面时需适当留出各种空白，以保证视觉上的透气。视频构图要让画面气息有流畅之感，既不能拥挤闭塞，又忌讳空空荡荡。视频构图的画面留白包括：天头留白，即画面上部的留空。运动留白，即跑动方向上的前或后留空。关系留白，即人物间、景物间、人与环境间的适当距离和留空等。

画面构图要求以观众为视觉中心。我们在构图布局时，表现的主体应安排在画面接近中间部位，但又不能完全处于中心的位置，一般以设定在画面左右两侧，接近三分之一的地方为妥。我们在构图时，要观察人物的视向和运动方向，同时也要考虑到视频器材的旋转和运动方向等。一般来说，视向或运动方向一边应略大于另一边，运动拍摄时注意不要造成人物切近左右屏幕的边际线。

画面构图要求注意均衡。我们在视频构图时，要注意到画面的紧凑与协调，防止出现主体在画面中重心下垂或左右失衡的状况。

画面构图要求有视觉的联想，体现观众的感受体验。任何一种构图没有，也不应当有一成不变的固定模式，拍摄者应根据拍摄现场的情况随机应变。值得注意的是，拍摄是一个动态过程，如果在动态的镜头中硬要追求画面的完美无瑕或对已有的模式生搬硬套，都会使本来具有美感的景物失去感染力，也会使观众失去对影像的认同感。

3.2 空间与透视

视频拍摄是以二维空间的形式表现三维空间的视觉艺术方式。现实世界中空间是立体构造，而视频画面却是平面二维，它只有上下左右，而无前后之分。摄像师要利用镜头的透视效果和光学特性来模仿人眼的视觉经验和心理感受，在屏幕中再造立体的世界。

图 4，透视现象是人们在绘画中总结的一些自然规律，它可以让二维平面有效地转换成三维图形。

在观看屏幕图像时，观众会很自然地根据日常生活经验对物体的空间位置做出分析、推理，并在大脑中形成判断，例如景物近大远小、物体近高远低、光影近浓远淡等视觉现象。

摄像师利用这种心理共识，对画面的各种造型元素进行"排兵布阵"，并通过构图的空间透视，创造再现立体空间的纵深，让观众确信屏幕上的图像就是现实空间的完美再现。基于此，也可以说摄像师是一位造像师，他们利用人共同的心理体验来复现眼睛之所见，具有一定的创造幻象的能力。

利用画面构图来体现空间透视关系是各类摄像师的主要任务之一，掌握空间透视原理是摄像师用以进行画面立体化造型的基础。实践表明，拍摄时的透视效果与视频器材的机位以及镜头焦距有着直接联系。

（1）透视现象

透视是一种自然现象。在最早的绘画中，人们发现当一个三维物体转换成二维图像时，不仅极易比例失调，而且看起来形状怪异。由此，人们便开始着手研究三维物体与二维平面间的相互联系，透视现象渐渐进入了人们的视线。

在最初阶段，画家们尝试将透明的平板玻璃置于所画的景物之前，景物通过光线反射会在薄而透明的纸上形成和真实场景一致的画面阴影。画家们用笔将这个浅淡的阴影描摹下来，即

图5，在各类光学镜头模拟的画面中，透视起到了非常重要的作用。它在一个虚拟的画面中再造了真实世界。

图6，现代拍摄设备是依照透视原理设计、制造的。也就是说，透视已经内置在了镜头中，这是无法避免的，唯有遵守和施行。

能形成和真实物体几乎相同的画像。

在此过程中，人们不仅学会了如何画出真实物体，还在经验总结中使用了这种自然规律。后人将平面中根据一定原理、利用点线面来显示物体空间位置、轮廓和投影的科学称为透视学。

在文艺复兴时期，西方著名画家列奥纳多·迪·皮耶罗·达·芬奇就总结和撰写了这个自然现象。他主要关注和研究的是我们今天称之为线透视的透视现象。它的基本原理和上文的介绍相近，指在画者和被画物体之间假想一面玻璃，固定住眼睛的位置，即用一只眼睛看，连接物体的关键点与眼睛形成视线，再相交与假想的玻璃，在玻璃上呈现的各个点的位置就是画者要画的三维物体在二维平面上的点的位置。这个过程非常像我们今天透过镜头来拍摄的过程。也可以说，今天的视频器材和照相机用光学机械方式实现了这个假想过程。

对于现代拍摄者而言，由于视频器材已经内置了这种光学现象，所以在操作中就要更好地将透视现象运用于实际画面，以此来体现这种自然规律。但是我们也发现，在很多影视作品里这种舶来意识的处境并不好。

传统国画中的散点透视是国人依据西方透视学套用的中国画阐释。在我们的画面认知系统中，透视对我们来说不仅显得陌生，而且有很强的疏离感。这就使较多的国内影视作品在画面形象上缺少生动与灵气。若单从透视现象上找问题，那很有可能是我们的创作人员、拍摄者没有掌握好画面透视效果，从而形成了画面效果的失真。

透视现象按照分类，大体有三种典型的形态，即线透视、大气透视和色彩透视。下面我们来分别简述之。

（2）三种透视

①线透视

线透视是指由于透视原理，平摄的物体近高远低所呈现的线条，也可以想象成不可见的线条，把视线导向纵深，从而使人感到空间所具有的深度。这种现象最常见的感觉来自我们站立在一排笔直纵向的树前，或是一条向远方绵延的道路上，它们会让我们体会到一种强烈的近大远小的视觉体验。

在各种类型焦距的镜头中，广角镜头可以突显线透视的效果，由于广角镜头的基本光学特性，将现场物体线条人为地夸张成向纵深和四角发散，所以使得三

图7，线透视表现的是物体近大远小，具有强烈的空间纵深感。

维空间的纵深感特别强烈。线透视也是各类透视的基础，人眼在观看景物时最易察觉和最易体验的也是线透视现象。所以，在碰到介绍远景和大场景时，我们一定要仔细把握好物体的远近关系和大小比例，从而使人产生明显的纵深距离与空间体验。

另外，线透视也是一种很强的心理暗示的现象。在我们能忠实地模拟现场复现出线透视的情况下，我们可以引导观众产生强烈的置身其中的感受。比如，我们在观看大全景画面时，很多略带俯视的广角镜头具有一种令观众身临其境的震撼力，这也是各类影像片段中较为常用的开场手法之一。

②大气透视

大气透视，也叫空气透视，它是指由于拍摄对象与镜头之间有一定距离，造成物体的色彩影调表现出近浓远淡的特征，从而产生一定空间深度感的透视现象。

通常情况下，由于受紫外线和空气中尘埃的影响，远处物体色彩纯度低、反差小、亮度高，近处物体色彩纯度高、反差大、亮度低。因此，在拍摄过程中，我们会明显地发现，同样的物体近处鲜艳夺目，而远处的物体则稍显轮廓。比如，我们站在高山之巅眺望远处的云海，就会发现稍近处的云海层次鲜明、气流翻涌，而远处天际线边的云海则模糊不清、消散成一团雾霭。

特别在使用超长焦距镜头拍摄远处景物时，由于纵向空间距离较长、空气中悬浮物质密度不等会产生各种不同的折光率。因此，这时镜头中的物体会在画面中呈现游移不定的飘忽状态，甚至会在地表附近出现近似于水波状的反光带等，仿佛隐约可见的运动物体所形成的倒影一般，具有一种类似于海市蜃楼的视觉效果，画面也表现出大气透视中所特有的肌理状。

通过这种透视现象的描述可以反复提示我们，在进行远距离拍摄时，摄像师有时候需要着重强调这种空气现象。在对这种现象的运用中，摄像师要制造出某些人眼无法识别的视觉幻象，从而增添画面的艺术感。

③色彩透视

色彩透视是指在拍摄风景和人物的过程中，近处的主体呈现出明亮、高纯度的色彩，而远处的主体由于距离的拉大会不断地减弱这种色彩表现力。这种色彩透视的现象在今天的数字时代需

图8，大气透视表现物体由于距离的远近产生的近浓远淡的画面效果。注意画面远处的树木，随着距离的远去，在空气中渐渐地趋淡。

图9，色彩透视表现的是近处的主体色彩饱和艳丽，远处的主体色彩逐渐减弱的特征。

要着重指出。

由于我们的大部分机器已经具备了真实和超越现实的色彩还原能力，所以在拍摄过程中，摄像师必须关注到一个不断加强的现象，即观众对于画面色彩的追求。这在过去的拍摄中没有受到主流媒体的重视，原因当然也是多种多样。受到当时技术的限制，我们在拍摄中即使注意了色彩表现，最后也无法忠实地予以还原。因此，在很长时间内，摄像师关注远近比例和前后虚实关系，但没有认真考虑物体的颜色表现能力，而这在当下的拍摄中却占据了很大一个比例。我们经常会由衷地赞叹国外影片中风景优美、色彩艳丽，而国内的影像制作却常常灰蒙蒙的一片，让人无精打采。这与不同摄像师掌握和运用色彩透视的原理不同其实有着很大的关系。

调整好物体的色彩表现力成为隐含表达观点和态度的一种手段。有些摄像师不顾色彩关系的表达，在拍摄中希望一味地突出主体，将机内设置人为地提高；或是在表现某个近处物体时，不采用就近拍摄的原则，为了省事，在远处用长焦拍摄一通就草草了事等，都会给画面最后的成像带来不可挽回的失误。我们需要在平时拍摄中养成一种良好的习惯，多留心和注意画面的各种关系，在条件允许的情况下回放影像以确保前期拍摄的综合效果。

3.3 黄金法则

在长期的绘画实践中，画家们发现了一种有关画面视觉美感的比例关系。这种比例关系就是黄金法则。它是人在视觉审美中获得的一种经验，也是一种用于表现平面中各类物体间相互关系的视觉规律。在这种比例关系的支配下，人可以获得最完美的视觉享受。

因此，从古典绘画时代开始，人们就着手将此法则运用在平面视觉中。直至今日的数字影像时代，这种经验和规律依然是人们值得信赖的视觉法则之一。

（1）黄金法则

黄金法则，也称为黄金分割律，它是传统画家在平面绘画中积累的长期经验。尽管这一由古希腊美学家率先发现的分割定律已经统治了画坛数千年，但是直到今天，它的美学地位和实际作用还在现代人眼中熠熠生辉。对于视频摄像师来说，了解并巧妙地利用黄金分割原理，不仅有助于在瞬间把握完美的构图形式，同时也能为创新出奇的画面创作积累丰富经验。

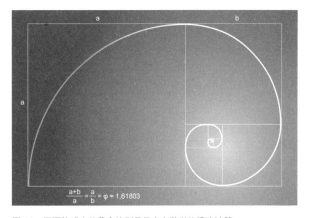

图 10，画面构成中的黄金法则最早来自数学的精确计算。

实际上，黄金法则的基本原理就是寻求完美的图形比例关系。这种规律的发现最早来源于数学几何。人们在正多边形作图时发现，如果要画一个几乎完美的正五边形或正十边形，就需要用到黄金法则。在对数学几何的科学探索中，人们将领悟的自然美延伸进了绘画。比如，以雅克·维隆为首的黄金分割画派关心的便是画面中几何形状的比例与匀称。在众人的世代努力下，数学家们将这种数学几何规律加以总结，画家们则将这种数学几何规律运用在艺术创作中，成为后世可以反复演绎的视觉规律。

0.618 这一神奇的黄金分割数字无声地道出了所有均衡的秘密。比如，现在我们所看到的书本，它的长边与短边之比一般就接近于 0.618。生活中按照这一比率设计制造的用品更是俯拾皆是。我们曾经使用的普通 35mm 胶卷电影画面的长短边之比和黄金率相去不远，另外诸多大师级的油画作品中关于黄金比例的示例已经耳熟能详。这些生活经验和作品都在暗示或揭示一个道理，黄金法则是一个可以无限运用的原理，可以在视频拍摄中起到意想不到的作用。而如果我们想要把这个现象简化到拍摄中的话，那么黄金比例就演化成了拍摄中最为常用的三分法原则。

（2）三分法

当视频器材取景时，我们可以将画面上下左右的长短边平分为三段，形成一个"井"字。画面"井"字中的两条横线和两条直线相交，即会出现四个交叉点。

此时，如果你将地平线放在两条横线的位置，或是将被摄的趣味中心放在任何一个交叉点上，都会体验到一种比较愉悦的视觉美感。而若将地平线或是趣味中心移至正中或是边角时，则会发现画面呆板或无趣。

这是一种十分简单易学且实用的黄金法则。在拍摄时，很多优秀的摄像师会主动迎合，而非刻意回避。他们会将需要表现的主体设置在每条线段的出现处，或是将需要表现的主要部分放置于两条线段的交叉点，用来提醒和引导视线，达到强调的目的。在视频器材显示器上，我们可以通过自定义设置标示出三分线条，从而辅助摄像师更好地取景和构图。

然而，拍摄毕竟不是解答数学几何。更多时候，我们需要灵活多变的构图组合，而非一成不变的固守成规。如果每个镜头的构图都与三分法契合，那就会使拍摄失去自由。比如一组汽车驶离的镜头：起步时，它位于画面左侧的三分之一，则远去的跟拍镜头就不一定固守在原处；根据影像内容的变化，既可在画面的正中收尾，也可在画面右侧的三分之一或是边缘处收尾，完全可以按照实际情况灵活掌握。

3.4 三个要素

人眼在观察过程中，我们的大脑会自动提取什么是主要的或者什么是我们想要看到的。而在视频器材的拍摄中，镜头却无法知道什么是主要的或者什么是主体，这就需要拍摄者主动地进行选择并加以表现。

毫无疑问，人眼无法同时对两个物体对焦和关注，因此这也是拍摄者在拍摄时必须区分出主体和陪体的原因。除非需要进行特定的艺术创作，否则在通常的影视创作中，突出主体和搭配陪体是一个非常自然的过程。关键在于，有经验的摄像师们总是将两者化为无形，而初学者却往往游移不定，拿捏不准。

（1）主体

主体是画面中所要表现的主要对象，是画面存在的基本条件。主体在画面中起主导作用，通常是整个画面的焦点所在。主体是画面的内容中心，又是构图的表现中心。一幅画面可以只有主体，没有其他的内容，但是一幅画面绝不能只有内容而缺少主体。所以，主体既是内容表达的重点，又是画面结构的趣味点。

摄像师在拍摄时首先要确立主体，通过构图和光影等手段处理好主体与陪体、主体与背景以及主体与其他内容间的相互关系。一般我们将主体的作用总结为：主体在内容上占有绝对主要的地位，起到推动事件发展、表达主题的作用；主体在构图形式上起到主导的作用，同时是视觉的焦点，也是画面的灵魂。

摄像师应当根据拍摄对象和表现内容，采用一切造型手段和拍摄技巧突出主体，给人深刻的视觉印象和突出的审美感受；同时还要在主题思想上立意鲜明、在构图形式上主次清晰、在内容表现上着意渲染等。

（2）陪体

陪体是和主体密切相关，并构成一定情节联系的画面构成部分。在画

图 11，三分法是黄金法则中最为常见的规则，它通过对画面呈井字形的划分，使拍摄者可以快速地为拍摄主体定位。

面中，陪体与主体形成某种特定联系，有时也帮助主体表现主题思想。陪体可以是完整的形象，也可以是局部的形象。陪体是画面的有机组成部分，我们应当在确立主体后，适当地安排陪体并给予一定的地位。

陪体可以渲染主体形象，帮助主体表明内涵；陪体可以丰富画面内容，起到均衡画面的作用。摄像师应将主体安排在画面的视觉中心，而将陪体处于次要的位置，用以衬托、解释、渲染主体。

在构图处理中，陪体不可喧宾夺主，无论色彩或影调都不应过分引人注目，避免本末倒置。通常，主体人物应当拍摄完整并朝向镜头，陪体人物则可侧面表现，含蓄表达。有时候，陪体还可运用虚化、裁剪或是隐没等手法 。

（3）环境

在具体拍摄时，主体和陪体所处的空间就是环境。环境是一个十分笼统且含糊的称法。在影像画面中，主体和陪体之外的一切都是环境。这个环境既包括人们常识中的地点环境、自然环境等，又包括人们常识以外的人物、动物、植物，以及其他一切物体。因此，当人们说及构图的主体、陪体和环境时，常将环境以构图中的前景、后景、背景等词语代替，用来表明主体、陪体之外的构图要素与主体、陪体间的联结关系。

从最终展现形式来看，视频画面与图像画面均是二维形态，两者都非常重视空间中的透视和层次关系，且两者都是一种偏向于纵向表现空间的艺术手段。因此，在具体构图时，主体、陪体和环境的关系便转换成了主体、陪体与前景、后景及背景间的关系。

前景。前景是主体之前，更靠近镜头的景物或物体，一般也是主体和陪体周围环境的一部分。由透视现象可知，接近镜头的前景一定大于远离镜头的其他物体；而根据主体曝光的基本原则，前景的色调通常会暗于主体。前景的主要作用在于：首先，前景可以交代环境氛围，衬托出主体位置，协助主体交代情节，深化画面的主题。其次，前景可以增加画面的空间效果，使观众产生较强的现场感。当拍摄运动镜头时，前景能增加强烈的动感，对主体所处的环境达到渲染的效果；最后，前景可以交代画面细节，富有一定的装饰性，达到美化画面、制造艺术氛围的效果。有时候，特定的前景可以起到画中画和画框的作用，形成构图的形式美。

后景。后景处于主体背后，远离镜头的景物或物体，并与前景相互呼应。当我们调节镜头光圈，形成景深时，后景既可以是前景的主体，也可以是前景的陪体。一般情况下，我们突出前景，弱化后景，使后景成为画面背景的组成部分，体现环境的整体氛围。通常，在运动场景的拍摄中，前、后景可以互换，但需注意轴线原则。

背景。背景在主体之后，有别于后景，是更大的景物或物体，主要用来渲染、衬托主体。一般画面中的背景揭示、表明了主体所处的天气条件、客观环境、地理方位、时代特征等信息，营造出场景的整体气氛，并进一步通过色彩、影调、线条、明暗等画面手段强调主体所处的空间位置。背景是一个完整画面的主要组成部分，在远景、全景等中、大范围的景别中有着十分重要的作用。背景分为动态背景和静态背景。动态背景指主体背后运动的物体，它可以增强画面的运动感，产生真实、生动的画面效果。静态背景指主体背后静止的物体，它可以揭示环境、

图 12，在实际拍摄中，三分法可以作为拍摄时的一种参考，将观众的视线吸引到主体上来。

图 13，主体是拍摄中表现的主要对象，在整体中起到了主导和推动作用。如图，画面中的男性是这个画面中的主体。

图 14，陪体是辅助主体完成某个情节中的画面构成。如图，画面中手持对讲机的人是这组人物的主体，但是在如此众多陪体的映衬下，气氛会显得特别紧张。

图 15，在具体构图时，主体、陪体和环境的关系可以转换为主体、陪体与前景、后景及背景间的关系。

图 16，视觉中心可以简单理解为拍摄者想要观众感兴趣的主要部分，通过景别和构图，我们可以突出画面的视觉中心。

渲染气氛、烘托主体。一般而言，动态背景可以达到制造紧张、惊悚的气氛的效果，而静态背景可以达到宁静、平缓的效果。

（4）视觉中心

图17，强化视觉中心的手段有很多。如图，拍摄者使用人物与环境的大小比例来强调视觉中心。

视觉中心是画面中最使观众感兴趣的某个部分。在一般情况下，主体形象往往构成整个画面的趣味中心。只要我们调动各种造型因素对其强化，就能获得预想的效果。但实际上从观众的欣赏角度出发，有时你所建立的主体形象未必就是受观众欢迎的趣味中心。尽管这一主体形象在画面中非常突出，但由于它的司空见惯，观众的目光也不会长时间地逡巡其上。因此，从接受美学的角度出发，我们考虑的是如何建立并强化趣味中心，如何使主体形象成为真正的趣味中心。

图18，拍摄时的构图是一个人为干预的过程。拍摄者通过对画面中人物与场景的位置安排，体现其意图，展现影像的内在含义。

首先，我们是否需要在画面中建立一个或一组形象使其成为趣味中心呢？一个画面可能并不需要一个独立的趣味中心。比如拍摄沙丘，那连绵不断的线条，细浪般的质地，闪烁的黄褐色以及广阔的空间已经构成了一个吸引人的整体。此时你再想确立一个主体形象，比如将一块深暗色的岩石放在前景使其成为"趣味中心"，你就得问问自己：这块岩石与整个沙丘究竟构成什么关系？观众是否会对它发生兴趣？此时如果从画面的远处走来一个人，很小，但穿着颜色鲜艳的服装，将其作为趣味中心是否可以呢？回答也许就是肯定的。因为人物服饰的鲜艳色彩与沙丘形成反差，人物的形态又能与自然构成对比，观众往往会被其产生的神秘感吸引。在对人物发生兴趣的同时，观众会让目光在画面上停留更长的时间，因此也就更容易感受沙丘的辽阔壮观。

接下来，我们该如何强化视觉中心呢？如果你所预设的主体形象本身就比较独特，那么这个主题可以轻易地引起观众的兴趣。比如，舞台上的演员和主持人相对于伴舞和其他演员更容易受到关注。而如果主体形象一般或是不够突出，那就必须调动拍摄者的审美目光去发现形象的亮点，在用光、拍摄角度以及运用不同的景别上多动脑筋，让人们看到这一主体形象不易觉察的另一面，从而对其发生兴趣。一旦观众在观看画面中以较短的时间看到你所要强调的重

点，你的构图目的也就
达到了。

　　基于此，我们也
可以说，构图的进阶不
是套用构图公式，而是
拍摄者与观众的心灵沟
通。当拍摄者想要把内
容的主体推向屏幕时，
这种想法设法表现的心
理状态就是一种完美的
构图。

图 19，更好的设计方式、更突出的形式感将会有利于观众的视觉欣赏和关注。

3.5 视觉设计原则

　　以下我们所述是构图中的核心。在前文中，我们将构图的必要性和一些基本要素做了详
细描述，现在我们需要通过这一节的思维线索将之贯穿，也可以认为我们是将前文各种分散
的内容进行整合。

　　首先，我们认为构图是一个具有设计的概念，必须介入主观思维与主体意识；其次，我们
需要详细讨论一下各种被诸多书本都按图索骥过的构图技巧；最后，我们需要对所有的人工技
巧和规则有所摆脱和突破。正如事实所见，在实际拍摄中，摄像师无法始终墨守原理，他们需
要时刻灵活应变并最终达到随心所欲的效果。

（1）设计理念

　　在此，或许也是第一次，我们必
须严肃地指出，画面的拍摄离不开设
计。这是过去很多书中没有特意指明
的一个重点，于是人们就陷在了无穷
无尽的构图公式的泥沼中，以至于在
全部了解之后都不清楚该如何正确地
使用构图。我们需要告诉拍摄者，画
面的安排和布局其实就是一个设计几
何图形的过程。把每个元素简化成几
何造型，并加之合理的安排，只要形
式得当、比例协调、前后一致、大小
呼应、视觉合理，就是一幅优秀的构图，

图 20，形式要素是指希望拍摄者在实际拍摄中，注意环境中容易相互构
造的几何图形。

图21，三角形构图给人以稳定和舒适感。
如图，人物的站位形成了一个三角形。

就能成为观众喜欢、拍摄者欣慰的好作品。

设计还包含另一层含义，即这是人精心安排的过程。一方面，什么放在哪里，或怎样放置才能引起注意等有着很强的人为痕迹。这是为何设计总遭到人们诟病的原因。而在学习中，拍摄者必须经历这样一个过程；另一方面，在对画面的设计中，其实拍摄者也明白了作为观众应该如何理解和看待画面，这可以很好地帮助拍摄者撇除那些主观的意识，从而追求与观众的视觉沟通和心灵感应。

通常，影像作品的作用是传播，传播的目的就是求得认同。想想看，我们对于好莱坞的认同是基于你认同了它的视觉画面兼之美学观点，所以你将之热切地推荐给好友。而如果你拍摄的影像在其他人面前受到了冷遇，那么同样地，其他人也不会热切地将之予以推广。

在设计画面中，我们通常强调形式至上，也就是本章着重讲述的构图法则。但是设计除了形式之外，还会碰到声音、色彩、质感、心理以及现场环境等各种因素。这些看上去似乎并非要点，但也须提醒拍摄者，那些你忽视的部分都是设计需要解决的问题。拍摄是一个人为干预的过程，我们不仅希望在画面中不着痕迹，更希望画面有着天然合成的效果。拍摄者既要把内容拍出来，又要用设计的方法把重点表现出来，这对他的艺术修养是很大的考验。也唯有此，拍摄才能从繁复的构图公式中摆脱出来，进入自由创作的驰骋天地。

（2）形式组合

设计强调的是人为干预，而好设计更希望在人为操作不着痕迹，因此这也是一个很难拿捏的尺度。对于初学者而言，设计画面的一个重要因素就是形式。视觉思维有这样的特点，当我们处于陌生的视觉环境时，人眼只能在毫秒内有效地对七或八种有规则的物体做出判断。而如果需要对更多的物体和形状做出判断时，这个判断时间就会适时延长。一般来说，这个判断时间受个人的年龄、文化、智力和学历背景所决定。

这种现象提醒拍摄者，当我们去关注一些没有关系和无序的形象时，人脑和视觉需要长时间的注意力。这在各种因素上影响了人的视觉接受力。也就是说，我们对于有形式、有规律、好辨识的物体更具有判断力。这启发了我们，在拍摄时需要对现场的物体做出一定的规律性安排和组合，尽量满足人们在短时间内可以接收信息的要求。

图 22，框架式构图即搭设画框的设计，通过画中画的效果来表达和引导观众的视线。

此外，这还与个体的接受时间有着很大关系。一个人看一个画面太长，就势必会影响下一个画面，而视频播放时不以个体的理解时间为速度，它会按通常规则延续播放。按常理说，除非特别必要，一般观众不会回放镜头。这就决定了视频播放的一个特点：要么人们无法理解内容；要么人们不去理解内容，继而放弃或者替换内容。通常观众会选择后者，这也意味着画面的形式感在视频播出时占据了很大的份额。

自然景物千姿百态，形成了各种点、线、面的集合样式。我们把它按构图的法则排列在一起，可以产生不同的画面形式。视频画面构图的特点是横画面，一般的视频器材画框的宽高比例为 4∶3，且不能随心所欲地改变，因此摄像师在组织处理画面构图时，必须考虑到这些客观因素。

有的视频器材采用遮幅法获取到宽屏画面，但严格来说不能视为真正意义上的变幅。有的摄录机设置了影像挤压功能，即所摄的影像左右向中间挤压，使人物显得瘦长。当这种模式在 16∶9 宽屏电视机中播放时，经过上下向中间挤压、两侧向外伸展后，瘦长的人物可以恢复正常。这个方式类似于宽幕电影的摄制，拍摄时采用变形镜头在胶片上记录瘦长人物，播放时再次变形可以让观众在宽银幕画面中看到正常的人物形象。

影像挤压功能较为充分地利用了画面像素，一般而言这种方法比遮幅法更为优越。在目前 4∶3 屏幕与 16∶9 屏幕并存期中，影像挤压功能也许是一种较为合适的选择。

全新一代的高清摄录机宽高比例设计为 16∶9，这是真正意义上的宽屏。16∶9 的画幅影像比较接近人们眼睛观察的视野范围，视觉效果也就更具现场感。16∶9 画幅应当是今后摄录机发展的趋势。下面我们根据屏幕的比例特点，来对常见的构图形式做一下简介：

第一种是三角形构图。我们在画面中对排列的三个点或将被摄主体的外形轮廓组成三角形，这是最常见的构图。三角形构图给人以稳定感和舒适感，画面也比较内敛和收缩，当然也有倒三角形构图。这两种构图可以各成体系，也可以单独使用，尤其是倒三角形构图若能巧妙运用，常常让人耳目一新。

第二种是曲线构图。这是一种十分优美的构图形式，它既可以理解为我们通常所指的对角线构图，也可以理解为 "S" 形构图。这类构图具有柔和舒展的流动感，会产生运动、流畅的视觉效果。优雅的 S 形曲线能够起到舒心、怡人的作用，并且能够激发人们对画外内容的想象。

第三种是框架式构图。这种构图方式也叫作搭设画框法，透过门窗、洞口、树枝等拍摄景物，前景就使用了门窗这些已有的物体形成了特定的造型框架。这种构图方法既增添了景物空间的深度，又装饰了画面的前景。这种构图方法如果运用合理巧妙，还能形成大景套小景的效果，十分别致有趣；但如果不是精心选择的画框而且频繁使用这种技巧，则会使画面看上去拖沓杂乱。

其他形式的构图还有很多，比如对称性构图、"L"形构图、"C"形构图、"O"形构图等。它们的主要特点是在构图时拍摄者利用已知的各种几何图形来组织和构造画面，使观众在短时间内获得形式上的认同感。当然，我们在实际生活和现场拍摄中并不一定时刻都寻找这些有规则的图案，还需要拍摄者从多角度、多方位来进行有序、合理的搭配。只要我们在视觉上组成的画面有形式并兼具美感，就可以不拘泥于某种规则，大胆探索，寻找最为合适的组合效果。

（3）突破规则

最后我们要突破规则。除非你是电影摄影师，每个镜头和场景都可以细致、反复地进行打磨，仅在普通拍摄情况下，受到各种条件的制约，很多时候并不一定都有符合规则的图形出现。最重要的是，拍摄者需要脑中时时绷住构图这根弦，不能因场面混乱或是现场复杂，就举起视频器材乱拍一气，然后敷衍了事。

无论多么复杂的现场和环境，只要你仔细挖掘就总能发现可以利用的构图、可以利用的形式、可以利用的角度。关键在于你会不会发现、善于利用，并大胆尝试。

图23，这是几种十分灵活的搭设画框法，拍摄者通过现有的物体组合使得画面紧凑而自然。

牢牢地记住这一点，拍摄不是数学题，如果把拍摄陷入几何组合中，那么拍摄就失去了人为介入的意义；而如果把拍摄摒弃在规则和方法之外，那我们同样也会失去视觉享受的乐趣。关键在于你如何巧妙地把握它们的分界线。

思考重点：

? 1. 理解光的基本性质，学会在拍摄中利用和操作光线。

2. 学会并掌握自然光线的特性和拍摄特性。

3. 能够自如操作各种人工光源，并根据实际拍摄要求进行合理布光。

第四章　视频画面的用光

光给我们带来五彩缤纷的世界。同样，有光才有像，影视图像实际上是光在视频器材内的再现。可以说，光是视频画面的根本条件。

色彩则是万物的基本属性和外在表征，色彩感知也是人的生理感知之一。不同的色彩组

图 1，光是我们世界中的基本物质，它是我们能看见周围世界的物质基础。

合，构成不同的明暗、反差、色调，表现不同的情感倾向。

同样，掌握用光是视频拍摄技艺的基础。在实际拍摄中，我们既要学会运用日光拍摄，又要懂得在灯光条件下拍摄，有时候还要两者结合，混合使用。数字高清视频器材对光线的敏感性和技术要求更高，因此更需要拍摄者讲究用光的方法和处理手段。

4.1 光线性质

光是宇宙中的一种基本物质。这种物质的运动具有一定的规律，这种规律就是光的波粒二相性，它是一种能够引起人类视觉感官的电磁波。

我们人眼所能看到的光称为可见光，可见光是光波范围中很小的一个部分，它的波长仅限于从 380 纳米 ~760 纳米之间。波长短于 380 纳米的被称为紫外线，而波长长于 760 纳米的被称为红外线。这些短于或长于标准波长的光线，人眼不能直接感知，被称为不可见光。

光源是指能够独立发光的物质，大致分为自然光和人造光两大类。自然光一般指太阳光，也包括月光、星光；人造光指灯光，也可包括火光。太阳光是最好的光源，它的特点是离被摄主体很远，因此日光光源可以视为是一束平行光。此外，光的基本要素还涉及光的强度、光照方向等概念。

图2，各种不同材质对光的接受程度不尽相同。注意在相同光照条件下，人物的肤质和服装能够表现出不同的画面效果。

（1）光的强度

光的强度决定了不同物体在光线照射下反映出的亮度。亮度是物体表面反射光线的反应值，即物体呈现出来的明暗视觉感觉。一般来说，除了发光物体之外，各类物体的光强和光源及其自身的表面特性密切相关。下面我们做一个简单的分述。

首先是光源的发光强度。发光强度是指光源所发出光的强弱。显而易见，光源的发光强度本身乃是影响光的强度的最基本因素。光源强则势必亮度大，反之亦然。最强的发光物体无疑就是太阳，人造光源依功率不同各有不同的亮度强弱。

其次是光源与物体间的距离决定了各种物体间的强度差异。众所周知，物体离发光体越近越亮、越远越暗。

在阳光或月光照射下，由于光源离得太远，即使物体的位置、距离不同，但它们与光源间的距离几乎可以忽略不计。我们从物理计算中可以得出一些距离上的数据差异，但并不在实际中表现出亮度差异。

最后光强与物体本身的表面物理特性相关。深色物体吸光能力强，透光能力弱；浅色物体吸光能力弱，透光能力强。在同一环境下，无论从什么角度观看，深色物体都比浅色物体显得较暗。

另外，表面光滑的物体可以形成镜面反射，而表面粗糙的物体则可以形成漫反射；镜面反射物体显得较亮，而漫反射物体显得较暗。比如，镜子与布匹呈现的肌理不同，反射光线的能力也各有差异。

（2）光的软硬

无论自然光源还是人造光源都具有直射光和散射光两种不同的状态，同时直射光和散射光会带来光线偏软或偏硬的两种视觉体验。

①直射光

直射光是指光源直接照射到物体上，使物体产生清晰投影的光线。直射光光线方向明确，有利于画面造型。用直射光表现物体外部轮廓和线条特征，可以突出物体表面质感。直射光还能提高画面反差，常被用于表现环境气氛等。直射光还能便于在照明时控制照射范围和距离，或是起到创造装饰效果等作用。

但是，单一的直射光造型效果生硬，不利于表现柔和的画面效果。强烈直射光的某些照射角度还会在明亮金属、玻璃等镜面物体上产生局部耀斑，形成画面的晕光效果，不利于画面的完美统一。此外，在多光源造型时，直射光很容易出现影调杂乱、阴影交错的显现，从而使画面缺乏真实感。

②散射光

散射光是通过某种介质或粗糙反射物形成的柔和光线。散射光方向感较弱、反差小、影调柔和，在被照物体上不产生明显投影。散射光照射范围大，且场景中物体几乎可以平均受光，因此常被用作现场的基调光线。散射光较适合视频器材的拍摄，是一

图3，图为典型的直射光效果。

种普遍使用的照明方法。我们在调试和利用光线时，会有意识地对光线进行柔化和散射处理，以保证光线的恰当运用。应该说，柔化光线使之变成散射光比简单加强亮度制作硬光要更加困难和复杂。

但是，散射光不利于表现被照物体外部轮廓和线条特征，也较难表现物体的一些特殊质感。散射光照射下的场景反差小，画面显得平淡且缺乏力度。在实际运用时，摄像师常利用现场环境中的白墙或其他白色物体作为反光物，借以产生柔和的散射光效果。同时，摄像师也可以随身携带一些反光板、柔光板等辅助设备便于光线的适当柔化。

（3）光的方向

光的照射角度是指光源位置与拍摄方向之间所形成的照射角度，一般叫作光照方向。光照方向按视频器材镜头的拍摄方向进行分类，与被摄主体的朝向无关。

光照方向包括水平照明方向和垂直照明高度，在以被摄主体为中心的

图4，图为典型的散射光效果。

水平方向，大致上可分为顺光、侧光、顺侧光、逆光、侧逆光等；垂直方向，大致上可分为顶光、顶顺光、顺光和底光等。

①顺光

顺光，又称正面光，被摄体表面受光均匀，反差小。顺光在人的脸部没有阴影和明显的影调变化，可以大胆使用。但是顺光有可能使主体稍显平淡，整体画面缺乏活力。在大场景拍摄中，顺光不利于表现空间层次。此外，顺光容易造成人物面部反光，特别是造成脸部高光溢出，进而影响人物形象和画面效果。由于顺光的使用频繁，也可以说顺光是一种无法突显特性的光线。

②侧光

侧光会形成受光面、背光面，可以产生丰富的影调变化和过渡，具有较好的造型功能。侧光能突出画面的空间层次，增强表现力度，运用侧光照明拍摄，有时还能造成喜剧化效果。但

图5，图为侧光的画面效果。

是侧光形成的阴影部分层次是拍摄中的难点，强烈的侧光还有可能会造成脸部光线的极端对比，并容易造成曝光误差，破坏画面中的光线平衡。

③顺侧光

顺侧光又称前侧光、侧顺光，介于顺光和侧光之间，即顺光与侧光的夹角位置的光线。运用顺侧光照明拍摄，被摄体表面明暗关系正常，具有丰富的影调变化。顺侧光是最常用的视频照明光线。

④逆光

逆光也叫背面光，是指与视频器材镜头相对的光线方向。在表现大纵深场景时，逆光可以加强空气透视效果，增强画面空间感和立体感；也较容易与其他光线搭配，使得物体与背景分离，产生良好的立体效果。同时，逆光利于表现透明或半透明物体的质感。但是逆光照明极易造成主体的曝光不足，拍摄时应注意选深色背景并以主体亮度作为曝光基准，或者选用手动曝光模式。如果逆光强烈或者在有大面积高光的背景下，逆光还有可能会引起对焦系统的瞬间失灵，也要通过手动对焦加以还原，这些是拍摄者在使用逆光时要加以防范的方面。

⑤侧逆光

侧逆光也称后侧光。侧逆光便于突出被摄对象的轮廓和形态，使之脱离背景，而呈现出一定的空间感。侧逆光适用于表现物体表面的质感，丰富画面影调层次。

⑥顶光

顶光通常用于反映人物的特殊精神面貌，如憔悴或缺乏活力等状态。在电视演播室，散射顶光常被用作基本光。由于顶光容易形成特别的强烈阴影，产生脸部及下颚的阴影效果，因而容易丑化人物形象，但也可以将顶光作为一种特殊造型手段来使用。

⑦底光

底光是一种反常的照明光线，可以表现特定的光源特征。比如，人物处于水边，在身体和脸部会形成波光泛影的光斑，这种光线就是底光。由于水面和阳光的反射作用，底光存在的条件非常苛刻，在自然界也不易看见，只有在人造光线的布设下才可能产生底光的效果。此外，底光又被称为恐怖光，有时用于表现人物性格，产生神秘、古怪的气氛或令人恐怖的感觉。

⑧ 45° 光

光照方向在实际生活中的表现其实较为复杂，

图6，图为逆光的画面效果。

往往多种光源和多角度的光线会同时并存，还会相互影响。我们通过拆解、分析，将各种光线分而述之是为了方便拍摄者的理解。一般有经验的摄像师在拍摄前会充分观察地形和环境，并仔细研究各种光线条件和人工光源，合理分布、统一调度。

图 7，图为顶光的画面效果。

通常，在水平和垂直区域内的各个 45° 的光线是各种拍摄场景中最为常用的光线之一。初学者通过对几种简单 45° 角光线的实际使用，能够积累光线入门的一些经验和案例，为在日后工作中大胆、独立、创新地使用更加复杂的光线打下基础。

图 8，图为底光的画面效果。

4.2 自然光线

了解了光的一些基本特性后，摄像师可以直接接触并立即使用的光源就是自然光。太阳是自然光唯一的光源。根据所处地区的纬度高低、四季差异以及一天不同时段的区别，我们在使用自然光时需考虑光线所处的地点、时间、环境、空间以及周边的各种环境，因地制宜地处理好光线与被摄物体间的关系，才能更好地还原色彩、控制曝光、获得清晰的图像。

（1）正面光

在室外阳光下拍摄可以多选用正面光，这样所摄的图像画面效果出众。但是所有的镜头一律用正面光拍摄就会显得单调，物体也会缺乏一定的层次。

在户外拍摄时，我们可以考虑季节和日照时段，选阴影处或有散射光的地方进行拍摄，从而使主体或人物受光均匀且质感柔和。在一些没有把握或者应急的拍摄现场，拍摄者可以直接使用正面光或散射光的效果拍摄，以降低失误率；在有条件的情况下，可以多人合作或事先策划，尽量选择多种光线搭配使用，以保证影像的艺术感染力。

（2）侧逆光

后侧光和逆光能勾画物体轮廓，营造玲珑剔透的效果。用后侧光拍摄水面景物，能使水波增强质感或产生波光粼粼的闪烁效果。

图 9，正面的散射光可以使图像清
晰明亮、色彩鲜艳夺目。

用逆光拍摄女性，其服装裙饰晶莹剔透，能更显妩媚典雅。在常见的电视广告中，无论拍摄食品或是化妆品这些小物件，还是人物或是衣裤这些大物件，拍摄导演多会采用逆光为主光源，并辅以其他类型光线综合调配。

这里必须指出，逆光拍摄的一些角度会产生眩光，破坏画面表现力。我们需要在拍摄时予以注意，一般可采用提升光源高度的方法来避免光线直冲镜头或是使用镜头遮光罩、遮光布等方法；有时为了创作的特殊需要，还可以人为制造眩光，使画面呈现斑斓绮丽的光束。但需切记，选择拍摄视点应当借助景物遮挡或遮挡局部光源，以确保镜头大面积暴露在逆光环境下。在实际拍摄中绝对禁止在没有保护设备的情况下，直接对准太阳拍摄以防止损坏视频器材的内部感光元件。

（3）室内光

我们可以利用室内自然光进行拍摄，由于光源来自室外，阳光受到建筑物的门窗、孔洞和地面、墙壁、天花板及家具等多种因素的影响，形成直射或漫反射，光照情况会变得稍微复杂。离门窗距离越远，光线亮度会越弱，而且色温也会因环境而急剧变化。此时，拍摄者应当以人物面部亮度为曝光标准，采用手动曝光模式予以调整，并且应重视色温变化等因素；通过及时查看显示器，以防止被摄对象出现相同环境、不同画面效果的失误。

4.3 人工光线

视频用光在影像创作中既具有技术性，又具有艺术性。从技术性而言，用光是为了满足光线照射在物体上的均匀受光并完美呈现；而从艺术性而言，用光是利用光这种物质对形象、场景进行塑造、描绘、再现的过程，表现特定的艺术效果和艺术家独特的审美倾向。

用各种灯具照明，可以使场景获得足够的亮度，从而艺术性地模拟现实生活中的光线效果。同样，通过艺术性的精致布光，也能完成对人物形象的塑造和再造。如果拍摄条件允许，摄像师应根据所表现的内容及创作之需，使用专门的灯光器材，以多种灯具、多个光源的方法来完成拍摄。在实践中逐步学会用光方法，并根据拍摄内容巧妙调度，是摄像师通过技术辅助手段增添艺术效果的一条有效途径。

（1）照明灯具

专业照明灯具大致分为聚光灯、散光灯和回光灯。现在最常用的视频照明灯具是 LED 灯管的照明灯，通常的色温在 3200K~5600K 之间，可以通过开关键自由选择调节。

①聚光灯

聚光灯光线以接近平行光的方式进行照射，光照均匀且较柔和，并可以通过调节拨动杆发散或汇聚光线，同时对投射范围进行控制。聚光灯的光线能表现主体的轮廓，还能体现出物体的一定质感。聚光灯的性能稳定，是视频照明中的主要光源。聚光灯的缺点是较为笨重、价格昂贵，需专业灯光师调节使用，布光复杂，在演播室等固定场所内使用较多。

②散光灯

散光灯光线经过半球形反光镜后形成散射光，投射的光线柔和，阴影较轻。散光灯光线表现的影调丰富，适合作为辅助光或基本场景光。曾经常用的新闻灯及使携式电瓶灯就属于散光灯。新闻灯的优点是灵活轻便，缺点是灯管寿命短，且不够稳定。现在大型 LED 冷光源灯可以较好地替代新闻灯的使用，拍摄者可以尝试购置。

③回光灯

回光灯的光线较硬，其优势在于距离变大而衰减率变化不大，所以被用于模拟太阳光以及营造强烈的投影等。回光灯常被用于舞台、电视、电影照明等，它一般采用组合式金属反射装置器，将光线投射到一定距离内，可以较好地突出人和景物的边界轮廓。

图 10，图为聚光灯。

除了常见的远程回光灯外，回光灯中还有中程回光灯和近程回光灯两种型号。由于回光灯的前方没有镜片，光线完全靠后方较大的反射镜射出。当使用同样照度灯泡时，其亮度较普通聚光灯要更亮，可以在实际运用中表现强烈的光源和高亮环境。

（2）人工光线

根据光线在画面造型中的不同作

图 11，图为散光灯。

用，我们通常把人工造型的光线分为主光、辅助光、环境光、轮廓光、修饰光、眼神光等。

①主光

主光又称为塑形光，是塑造人物形象的主要光线。它直接影响到被摄主体的外在形态和内在性格，以及画面的基调和风格。

基本作用：介绍场景、表现环境；描绘主体的形状和质感，塑造人物形象，刻画人物性格；构成画面的影调效果。

实际运用：主光与其他光线的配合，表现空间层次。

②辅助光

辅助光又称为副光、辅光，是协助主光造型、弥补主光不足、平衡画面亮度的光线。辅助光一般是无阴影的柔光。

基本作用：减弱主光产生的阴影，表现物体的暗部结构；帮助主光塑造人物形象、刻画人物性格；起到调整场景影调、均衡场景亮度的作用。

实际运用：在布光时，辅助光必须以主光为基准，不能超过主光，不能干扰主光的光效。

③轮廓光

轮廓光设置在被摄主体后上方，使主体边缘产生明亮清晰的边缘线。

基本作用：勾画和凸显主体富有表现力的轮廓；利用明亮的轮廓线条突出主体，拉开主体与环境背景的距离；产生一定的空间深度，表现出空间层次感。

实际运用：轮廓光的亮度可以超过主光，但应当注意轮廓光的照射角度，不能破坏主光的光效。

④背景光

背景光又叫环境光，是专门用来照亮背景环境的光线。

基本作用：照亮背景，表现场景内容和空间结构；控制环境影调，形成与主体影调的差别；表现具有特点意义的背景环境，起到烘托主体的作用。

图 12，图中的主光可以认为是前侧光。主光具有塑造人物形象的作用，又称塑形光。

实际运用：背景光必须简洁，不能出现复杂光线和过多的阴影，不能影响主光效果。

⑤修饰光

修饰光是指用以修饰被摄主体或场景中某些局部，以补充主光和其他光线的不足，并使之突出细节的光线。

基本作用：修饰和突出主体或场景的局部，使画面更加悦目；有突出

图 13，图中的背景光是由人物身后大量的外设光源所形成的。

细部造型特征，并能调整画面反差等作用。

实际运用：尽量减少人为使用的痕迹，注意与其他光线的协调和逻辑关系。

⑥眼神光

严格说来，眼神光也是修饰光的一种，是专门用于表现人物眼睛的特殊光线。

基本作用：使人物的目光有神、明亮，显得更富有神采。

实际运用：仅在拍摄特写或近景镜头时，眼神光才有明显效果。不要滥用和过多设置眼神光，以避免人物脸部出现过多光斑，反而分散人物眼神的特点；控制好照射角度和范围，防止影响脸部造型的整体效果。

（3）三点式布光

三点式布光包括对主光、辅助光和轮廓光的处理。这三种光分别承担着不同的造型任务，共同实现完整的照明光线效果。三点式布光是对人物照明的基本方法之一。

①主光

主光是主要塑形光，位置一般在人物的侧前方。主光的具体位置因表现内容的需要而不同，通常又可分为正常主光照明、宽光照明和窄光照明。

正常主光照明：主光位置在人物与视频器材水平或垂直面呈 30 度 ~60 度的空间范围内。被摄对象的面部特征、影调等表现正常，容易被观众接受。一般正常主光照明是最常用的照明形式。

宽光照明：主光位置在人物侧前方与视频器材小于 30 度的范围内且高度较低。被摄对象正面被照射的面积增多，阴影减少，有利于加宽狭窄的脸型，表现柔和的面部层次，但宽光照明质感表现较弱。

窄光照明：主光位置在人物侧前方与视频器材呈 60 度 ~90 度，高度较高。窄光照明产生大面积的阴影，从而形成明显的亮暗对比，有利于突出人物脸部立体感和质感。窄光照明应防止出现阴阳脸，注意辅助光的配合运用，以获得较好的整体效果。

②辅助光

辅助光的位置角度根据对人物的造型要求和艺术效果而定，一般与主光相反，在视频器材的另一侧约 30 度左右，高度较低。

由于主光造成的阴影，凡视频器材镜头所能见到的，均应由辅助光来照亮并恰如其分地调整其浓度和过渡层次。主光与辅助光的强度不同会产生不同的影调效果：光比大，即辅助光弱于主光，则人物面部阴影较重，立体感强，多表现为低调、硬调效果；光比小，则画面阴影较淡，立体感弱，呈现高调、软调效果。

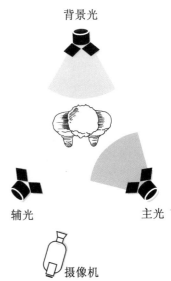

图 14，三点式布光的俯视光位图。

人物面部光比不宜过大，一般亮部与暗部相差1.5~2级光圈为妥，且人物光应比环境光处理得更亮些，以利于更好地突出人物。

③轮廓光

轮廓光是在主体人物背后照射的逆光，灯具一般是聚光灯。轮廓光光线性质较硬，其强度可以接近或大于主光。

轮廓光照射角度的安排十分重要，摄像师应根据现场实际情况做选择，避免形成顶光效果，更要防

图15，图片从上而下，从左至右，依此为主光效果、辅助光效果、背景光效果，以及最后三者合成的总体效果。

止造成视频器材镜头眩光而破坏拍摄效果。

综上，灯光照明是一个较为复杂的专项门类。在大型演出和栏目播出中，灯光调试会交给舞美和灯光师共同完成。但作为摄像师也应有所了解。在没有灯光师辅助的情况下，摄像师应能自己动手并保障基本的使用。视频布光的基本原则为均匀、平衡，即不要造成过亮或过暗的对比反差为宜。当室内拍摄中只有一个灯光照明时，除将此用作正面光外，还可将灯光照射到天花或墙壁，以形成散射光线，因为散射光柔和细致，只增加亮度，而不会造成其他光线性质的变化，初学者可以放心使用。

4.4 混合光线

混合光线既指直射光线与散射光线混合在一起的光线，又指人工光线与自然光线并用的照明光线。根据影像拍摄的需要，混合光不仅会在室内场合被使用，而且也会在室外场合被使用。

当使用混合光线时，即意味着人工光线介入其中。而启用人工光线的目的无外乎只有一条，就是现场的自然光或环境光无法满足画面拍摄，需要使用额外的光线补充照明或调整色温。

在试镜或现场观察中，如果摄像师发现画面展现的暗部或亮部细节有严重缺失，就需启用人工光线。同样，如果摄像师发现色彩平衡有偏差、多个场景之间光线难以统一或匹配、拍摄的画面缺少质感和立体感，也需启用人工光线。

人工光线与自然光线和其他光线相互结合，就形成了复杂的混合光线。处理混合光线的思路在于利用人工光线的介入，平衡、协调、引导、转换现场光线的不足或缺失。这里的现场光既指自然光，也指现场可能存在的灯光、烛光，以及霓虹灯、电视屏等各种物体发出的光。

通常处理混合光的场景多在室内，比如临近窗口时，室内外光比反差过大，就需要在远离窗户的范围内补光。处理混合光的场景也可能会出现在室外，比如阴天的光照强度不足，需架设灯光补充人物或被摄物体的照度；再比如黄昏或夜晚，利用灯光的色温或照度来补充、调整

画面的颜色或曝光等。

当拍摄人物运动、移动镜头或室内外转换镜头时，明暗光线的变化会使画面忽明忽暗，而如果使用人工光线预先布光、通过跟随摄像师的灯光师进行补光等方式，可以较好地解决不同场景里的光线失调等问题。

最常见的混合光线

图16，混合光线是多种类型光源或多种样式光线混合在一起的复杂光线。

场景有：当室内亮度不足时，通过窗外、门外布设强力灯光组的方式来模拟或增加日光强度；而当室内光线的色温与室外或其他场景不符时，通过增加暖光源或冷光源的方式来调整、缓和整体画面的颜色。

此外，还有一些布光技巧供各种光线条件下参考使用：首先，当对布光束手无策时，可以多用侧光和背光，同时对背景进行轮廓光的塑造；其次，利用实际布景，可以多用现场已有的光源，同时搭配柔光布或对天花板照射等方式布设环境光线；最后，当现场布光完毕之后，需要对各处光源进行检查或试拍，注意一些不起眼的场景或细节，同时注意遮光和减光，使整个画面的光线平衡。如果制作时间紧凑，摄像师可采用同机位、多镜头的组合方式，这样也可以减少反复调整布光后产生的误差。

随着当代数字技术的发展，新一代的优质镜头和高敏感度的感光元件会使数字视频器材的拍摄效果愈加出众。这就意味着使用人工光线的概率将会逐步降低，减少使用灯光、把灯光设置得更远、让灯光的布设更加自然会成为整个影像业的趋势。

随着更多影像资料的传播，摄像师或其他主创人员将有更多的机会接触、研究各类光线的布局，同样会使光线的运用千变万化，层出不穷。

4.5 光影调性

（1）画面影调

影调是指画面表现出来的明暗关系，在画面构图和造型表现方面具有十分重要的意义。通过对画面影调的设计和控制，摄像师可以创造出悦目的视觉形象，形成刚或柔、明快或压抑的画面气氛，并造成特定的情绪基调。

在电视画面中，明暗关系一般被简化成五级：黑、深灰、中灰、浅灰、白。这种黑、白、灰的安排决定了画面的整体影调。

从整体的视觉形态分析，一部完整的作品应该具有一个主影调，即画面整体上的明暗视觉感受。而这个画面整体影调实质上构成了视觉基调，对主题和内容的表达以及对观众的欣赏和心理都会产生很大的引导作用。

①高调·低调·中间调

从画面明暗分布上看，整体影调可分为高调、低调以及中间调。

高调，又叫亮调。高调画面中大部分面积呈现出较高的亮度，暗部面积较小。高调给人以明快、活泼等感觉。高调通常选择色彩较淡的物体和明亮的背景，采用正面布光的方法；同时，在背景中配以少量的深色物体或颜色作为映衬，以强化高调画面的表现力度。

低调，又叫暗调。低调画面中大部分面积呈现出较暗的深色，亮部面积较小。低调给人以凝重、肃穆、压

图 17，图为高调的画面效果。

图 18，图为软调的画面效果。

抑等感觉。低调通常选择暗背景、深色调景物和低照度的照明时，可以搭配少量的亮色调作衬托，能够使画面显得更富生气。

中间调，又称灰色调。中间调画面明暗关系均衡，过渡层次丰富。灰色调适宜表现景物的立体形状和表面质感，符合人们观看的习惯。影视作品多以中间调为主要影调，在拍摄中须注意准确曝光，以防曝光不足。

②硬调·软调·中间调

从画面明暗对比上区分，整体影调有硬调、软调的不同，介于两者之间的称中间调。硬调画面中间层次少，明暗差别显著、对比强烈，给人以粗犷、有力的感觉。硬调画面有利于表现质感强烈的物体和男性形象，但画面细部易失去质感。

软调画面中缺少最亮部和最暗部，大部分画面面积是以各层次的灰调来表现明暗。软调对比弱，反差小，给人以柔和、细腻的感觉。软调画面通常用以表现儿童、妇女以及表面质感纤柔的物体或景物。

中间调过渡平缓、反差适中，各种明暗关系表现得当、相得益彰，是最常用的画面影调。

③冷色调·暖色调·中性色调

色彩能够在人的心理上激发其他感官的触觉，因此画面整体影调还有冷色调、暖色调和中性色调之别。色彩的温度感觉还与人们的生活经验相关，这些在其他内容中将另做细解。

（2）画面光比

　　光比是指各种光源之间的亮度比，或一个物体的亮部与暗部间所受光的照度比。光比是造型的有效手段。光比大，造型效果强烈；光比小，造型效果柔和。

　　一般说来，摄像师在反映欢快场面、刻画刚强性格、表现力度感时，应当用大光比；反映柔美人物、细腻感情、纤弱的妇孺时，宜用小光比。为了弥补缺陷增加美感，摄像师在表现人物时，用大光比拍摄体态、脸型丰满的人可以使其略显苗条；而用小光比拍摄瘦弱体型或高挑身材的人则可使其稍显魁梧。

　　另外，光比还会对画面影调有着直接影响，根据前人的经验，大致可以总结为：光比越大，则反差越大，而影调愈强；反之，光比越小，则反差越小，而影调愈淡。

图 19，图为冷色调的画面效果。

图 20，光比是各种光源之间的亮度之比，我们可以通过光比来塑造主体的外形。

　　在人工布光拍摄或混合布光拍摄时，主光与辅光的比值不能相差太大，通过测光或试拍后，宜保持在两档至四档光圈的曝光范围内。现代数字视频器材的曝光宽容度不断扩大，根据实际情况和拍摄需要，适当增加几种光源间的亮度比值亦可，但须适量，否则画面会受到几种光线的干扰，使得拍摄效果大打折扣，且不易于后期剪辑处理。

思考重点：

 1. 理解声音的各种基本性质，了解有哪些因素会造成声音的变化。

2. 理解影像中的声音，能够清楚地分辨语言、音响、音乐的不同表现和相互关系。

3. 了解音画之间有哪几种组合方式，不同的组合会给观众带来怎样的观看体验和心理反应。

第五章　视频的声音制作

5.1 声音性质

影像由画面与声音共同组成。影像创作者不仅要考虑画面的视觉因素，也要重视画面之外的听觉因素。为了更好地制作声音，使声音为画面服务，同时也使画面为声音提供注脚，我们必须要了解一些声音的基本特性。

（1）基本特性

声音中有三个主要的主观属性，即音调、音量、音色。标示声音的基本单位是赫兹（Hz），即音波频率的单位，

图1，声音中有三个主要的主观属性，它们是音调、音量和音色。

指的是每秒钟音波从一个周期开始，传播到下一个周期开始的次数。音波的基本特性是以完整的周期来进行传播。

①音调

音调指的是声音频率的高低。物理学告诉我们，发声与物体的振动有关。而振动的物理学指标是频率，频率决定了音调。如果物体振动快，发出声音的音调就高；而如果物体振动慢，发出声音的音调就低。通俗来说，音调可以直接理解为声音的高低。它表示了人的听觉分辨一个声音调子高低的程度。

音调一方面与声音的频率有关，另一方面也与声音的强度、发声体的结构有关。一般而言，音调高，会给人带来空灵、清凉、纤细等心理感受；

图2，录音器材的信噪比会使声音录制时产生一定的底噪。

图 3，音色是人们听到某个声音之后，一个非常综合、总体的心理判断过程。

而音调低则会给人带来雄浑、澎湃、粗犷等内心变化。

相对于各类视频器材而言，其对应的每一种麦克风或录音机都有着自己的频率响应，也就是可以录到最低音和最高音的频率区间。如果收录设备的价格更贵、功能更多、性能更佳，则录制声音的能力会更出众，也会增加更多繁琐的操作和自定义设置。

同时，这意味着麦克风或录音机无法对所有频率的声音都有着同样完美的录音效果。因此，在不同的拍摄场合中，摄像师要提前调查好拍摄对象、研究摄录的具体环境、研判可能出现的问题、准备好多种录音器材等以提升声音在画面中的表现。

②音量

声音的音波不仅与音调的频率有关，还与振幅有着密切关系。振幅会直接影响音量的大小。当振幅加大时，声音会随之变大，即音量增强；当振幅减小时，声音会随之变小，即音量降低。音量以分贝（dB）为单位。

人们对音量的认识非常直观，也经常接触分贝的概念。比如，设置在路边的噪音仪会显示噪音音值。人耳有音量的痛阈值，大约在 120 分贝左右。一般窃窃私语是 20 分贝，正常谈话是 50 分贝，酒吧现场是 100 分贝，飞机起飞时是 120 分贝等。

在录制画面声音时，有些麦克风或录音机的动态范围较小，对过低或过高的音量无法清晰录制，从而造成声音的失真现象。因此，对于特殊现场，比如拍摄野外自然风光或嘈杂的音乐会现场时，摄像师要足够重视，带好高性能的录音设备以应对低音环境和高音环境的挑战。

而音量的高低会带来录制时的另一个问题，即信噪比。对于多数电子设备而言，其声音在录制时都会产生噪音。这些噪音的本源是电子元件对声音放大或缩小时产生的冗余电子信号。一般设备的信噪比受到器材自身性能、专业程度和制作工艺的影响。信噪比高，则产生噪音的概率低；反之会高。当发生录音底噪时，摄像师可以通过前期严格调整、后期软件处理等方法加以改善。

③音色

音色指的是声音的丰润度、饱满度、尖锐度和共鸣性而产生的效果反应，是一个非常综合、总体的心理判断过程。以电视新闻播音员的音色为例，相同音量、音高播报新闻，很容易分辨出男播音员与女播音员。这就是音色起了辅助作用。

每种声音都有自身独特的音高，我们称之为基音。重复某个基音频率的音高，称为和声；而非重复同一个基音频率的音高，称为泛音。和声与泛音决定了音色。

在视频录音时，我们会发现，当相同演员转换场景后，其录制声音的效果会截然不同。比如，小房间的声音清晰完美，而大房间的声音空洞沉闷。这就是音色改变了性质。所以，这需要摄像师配合录音人员多次尝试、反复调整，才能较好地解决音色误差。

图4，了解声音的基本性质有助于创作者的拍摄与制作，从而更好地表现影像作品。

此外，选择合适的收录设备，尤其是符合视频器材的麦克风是十分重要的环节。摄像师需听取同行和录音师的指导，通过不断测试，才能找到较为符合的声音收录装置。在很多情况下，这会给拍摄带来额外的挫折和考验，也会给拍摄带来很多意想不到的惊喜。

④其他

除了三个重要的声音指标外，声音中还有音长、音速。

音长指的是特殊声音所持续的时间长度。音长由起音、衰减、持续、释放共四个部分组成。较为直接的理解是一个声音从无声状态开始，直至延续，并到完全无声为止的过程就是一个完整音长。在对话中，音长与人的口音和发声有关，比如使用相同词语时，各地方言与标准普通话之间有明显差异。

音速指的是声音的速度。我们知道，声音在15℃、一个标准大气压下的速度为340m/s。声音的速度较光速慢很多，因此对于记录光影的视频来说，考虑声音的问题相较画面要更多。

比如，在操场中心的运动员与观众席上的观众，当两者同画时，就会出现声音相位的问题，即声音会一前一后到达录音装置，造成声音、图像的错位。发生这种情况时，只录一种声音、设置无线话筒、事后拟音等方式可以巧妙解决。

摄像师也可以使用一些录音技巧。比如在室内录音时，两支麦克风间的距离需大于麦克风与人物之间的距离，且两者之间距离应是三倍或以上，以避免发生相位问题；若在室内使用单独话筒时，也需避免设置在室内中心处，以免造成声波重叠的相互抵消。

总之，了解一些声音的基本性质会帮助摄像师、创作者更好地完成影像，增强对影像声音的理性认知。

（2）制作要点

在实际拍摄中，有三个声音制作方面的要点：声源、声场和声音平衡。

图5，声源越佳，录制效果越好，制作出的声音也会越出色。

图6，声场分为封闭声场和自由声场。相对地，自由声场的录制难度会较高。

虽然不同的影像创作者对声音制作的要求各不相同，但是一些基本共识仍是完成优秀影像作品的前提。

①声源

发声的原因在于物体振动，并产生声音的来源。声源越佳，录制效果越好，则回放的声音就会越出色。一般视频中的画面拍摄包括了声音录制，录音有记录和回放两个环节。当选用合适的麦克风和录音机，并与声源保持一定距离，且进行规范操作后，我们就可以得到比较理想的声音素材。接下来，摄像师或录音师便回放画面和声音。如果回放的声音与现场听到的实际声音大致接近或相似，就可以认为该录音是一段合格的素材。通常，声音还原程度越高，影像的声画效果就会越好。

声源分为不同的种类。按照发声方式，有些通过振动来发声，比如多数城市中的声响来自各种物体的运动等；有些通过气体流动来发声，比如吹奏的乐器、大自然中的风声、树叶的婆娑等。

决定声源的主要特性是频率、指向和功率。频率就是音调的高低。当录音时，拾音麦克风的频率范围与录音对象密切相关。麦克风的频率范围越宽，收录声音的范围就会越大，但随之也会收录很多不必要的声音，造成后期制作的困难。因此，根据拍摄物体的发声频率，通过网络资料的核实，我们可以大致匹配所拍对象与麦克风频率之间的相互关系。比如，人物访谈、网课、直播时，普通千元左右的麦克风就能胜任；而在音乐会现场、纪录片拍摄中，更好的麦克风有助于声音的优异表现。麦克风还有一定的指向和功率，尤其是指向功能，麦克风的心形指向和全指向将会录制出完全不同的声音素材，需仔细核对麦克风的具体数据，选择合适的型号使用。

在数字化素材采集中，录制声音的格式和文件量要定得略高一点，这样会给后期制作带来很多方便。目前，数字设备的采样频率从 32KHz~192KHz 不等，量化比特也从 12bit~24bit 不等，可采取高品质的设定方法，为影像的整体制作服务。如与数字图片设置一样，高像素可以降低成低像素，而当低像素逆向充值为高像素时，则会出现失真、偏移等问题。

②声场

当声音在某个空间内辐射、发散时就形成了该空间内的声场。声场分为两种，一种是封闭声场，如室内；另一种是自由声场，如室外。

当影像拍摄时，至少在摄像师心中需清楚：一旦声场改变，录制的声音也会随之改变。比如，对话从室内向室外转移时，收录声音的麦克风就应及时更换或调整距离。

在封闭声场和自由声场中，声音的传播均为两种，即直达声和反射声。顾名思义，直达声就是直接到达听者的声音,而反射声是反射到达听者的声音。在日常生活中,声音既包括直达声,又包括反射声,看哪种声音占主要方面。比如,在人物对话中,直达声肯定为主。而在山间回响中,反射声肯定为主。反射声会造成空间中的声音持续,从而形成混响。混响与混响持续的时间会对录音产生直接影响。因此,在复杂空间中拍摄、录音时,我们需考虑反射声带来的综合效应。

这里可掌握一些普遍规律。通常,物体密度越大,其反射声音的能力就越强,比如,地板、砖头、石壁等。不妨将声音理解为乒乓球,一旦投掷到大密度物体上时,它就会迅速反弹;而物体密度越小,其反射声音的能力就越小,比如泡沫、布匹、木板等。我们都有这样的生活经验:一个空旷的房间,回声很大,即混响时间较长。而录音棚、音乐厅、电影院会使用海绵、木板、墙纸、绒布来装饰,回响几乎没有,即混响时间很短。

有时候,摄像师注意了画面拍摄,却忽视了该画面中声场的变化。有些变化显而易见,很容易引起注意,比如,室内外转换、小空间变成大空间、起风与微风等;而有些变化则会令人意想不到,比如,在密闭的室内拍摄,时间稍长,打开窗户或门,随即便会改变整体声场。同一片段的声音会发生截然不同的录制反应,从而造成声画错位,甚至是无法组接。所以,在实拍中,尤其是倚重声音的影像作品,摄像师需多考虑一些声音与空间的关系,养成及时监听、回看、回听的习惯,可以减少很多后期制作中的困难。

③声音平衡

声音制作的总体原则只有一条,就是声音的协调与平衡。对于画面中的声音而言,无论是专职录音师,还是兼顾拍摄的摄像师,他们的工作都是注意声源、观察声场、控制电平、平衡声音。这样才能较好地完成声音制作的部分。

处理影像画面声音的一般步骤为:先关注人声和自然音响,再关注音乐和其他声响。无论是前期,还是后期,制作者需将不同的声音较为妥善地进行均衡处理,切忌有某个声音一枝独秀。比如,对话中的两个人,一个声音较高,一个声音较低,需通过提醒或人为调节响度使音画一致。

当与后期配乐合成时,我们也需要考虑音乐是应配合前期声,还是音乐将前期声覆盖等。很多初学者,使用音乐覆盖前期声的主要原因在于前期收录效果太差,无法满足影像制作的要求。这在纪录片制作中尤为突出。一个好的同期声录制,将会为纪录片的制作带来很大的提升,使人能身临其境地感受纪录片的真实魅力。

此外,声音收录时还需注意一些突发声响,比如马路上的车流、手机的铃声、意外的操作等。如此看来,对于摄像师或主创人员来说,即使是非常简单的短视频制作,也需要关注到拍摄场合的方方面面,同时还要兼顾声音制作的各个环节。关注的细节越多、考虑

图 7,声音制作的原则是协调与平衡。

的环节越充分，制作出的声音就会越优良，最终完成的影像也会越出色。影像是模拟现实的艺术，为了让观众获得全面的真实性，声音不仅不可或缺，而且还是前后期制作中值得注意的关键要素。

5.2 影像声音

影像中的声音由三个类型组成：语言、音乐和音响。其中，语言专指影像中的人声；音乐指的是一般意义上的音乐旋律、歌曲等；而除语言和音乐之外的声音就是音响，也称音效。

（1）语言

语言，指的是影像中演员或被摄人物发出的声音，即人声。人声有对话、旁白、独白等几种不同的表现形式。

对话，也称对白，指的是人物之间的语言交流。它在影像中占据非常重要的位置，同时也是影像中数量最多的声音。当对话与人物的行为、表情、动作，以及影像中的音响、音乐以及其他声音相互结合时，可以表达含义、产生情感，同时推动、补充视觉逻辑，帮助人们理解整部影像的内容。

旁白，指的是画面中未出现的主体所讲述的语言，主要以画外音的形式来表现人物内心的自言自语。旁白既可以在人物运动的状态下使用，也可以在人物处于沉思、静止的状态下使用。它可以作为人物内心心理活动的语言注解，还可以作为人物或情节的回忆、想象等，即人们戏称的"脑补"。旁白的运用会使画面的表现力更加丰富、精彩，也会使画面中的影像得到解释、补充、转义等，还可以使画面未尽、未完、不能表现的部分以语言的形式完成。

独白，指的是影像内容中人物潜在心理活动的叙述，是一种以语言方式展现的心理过程。

图8，语言，指的是影像中演员或被摄人物发出的声音。最常见的就是对话。

独白多以第一人称出现，用于人物自身的回忆、憧憬、想象等一系列只在内心对自己完成的内容。在影像中，独白可以起到深化思想、提升情感的观看体验的作用。它的主要形式有：对自己的独白、对影像中其他人的讲述或倾诉、对影像外观众的解释等。

（2）音响

音响，也称音效，或者动效，是指画面中语言和音乐之外的声音，比如风雨、流水、车声、噪音等，主要用于揭示事物内在特性和表现特点，增加影像的真实效果，增强画面的感染力。

一般来说，音响包括人所发出的非语言式的声音，比如哭喊、抽泣、笑声、叹息、哈欠等；物体发出的声音，也称物声，比如动作音响、自然音响、背景音响、机械音响、武器音响、环境音响等；拟声，通过人为模拟的方式来突出某种声音，比如手机铃声、钥匙声、开门的吱呀声、碗筷声等。

在日常生活中，由于音响多与其他声音一起出现，起到陪衬、辅助的作用，所以常被人们所忽视。而在影像制作中，音响不仅起到非常重要的引导作用，还能推动情节、增强视觉效果等，所以经常单独地提取出来，用以强调某种声音的特殊性。

正是由于音响鹤立鸡群的效果，所以制作音响时需要专门处理。比如，动作音响有人的脚步声、牛马的蹄声、开门开窗声、桌椅声、穿衣服的窸窣声等，机械音响有汽车声、轮胎声、喇叭声、飞机起飞声、机器轰鸣声、钟表声等。其他如自然音响、武器音响等就不做赘述。

这些声音往往不引人注目，因此需要专门录制或后期拟音。影像在剪辑时，特意加入或放大这些声音，会获得意想不到的音画效果。比如，在战争场景中，司号员的冲锋号往往掩盖了战士的杀喊声，就会十分明显地增加战斗的感染力。而事实上，冲锋号往往小于或与杀喊声持平，若按实际处理，则无法突显战斗的激烈。此时，音响的作用就可以完美地体现出来，达到语言和音

图9，音响指画面中语言和音乐之外的声音，主要用于揭示事物内在特性和表现特点，增加影像的真实效果，增强画面的感染力。

图 10，影视音乐主导或配合影像作品，既要符合影视规律，又要体现音乐特性。

乐无法表现的效果。

　　在具体运用上，我们可将前一段音响效果延伸到后一段镜头中，也可将音响效果与画面中的物体分离，还可将某个需要强化、夸张的音响单独放大、降低等。通过一系列的艺术化处理，音响能有效地渲染情绪，延展画面的时空，使沉闷的画面得以鲜活，并让人得到画面之外的想象，起到再现场景、令人身临其境的奇效。

（3）音乐

　　音乐指的是经过作曲家、乐手、歌手等专门加工、处理过的声音，即我们日常认知中音乐的概念。影像中的音乐，一方面需要具备所有音乐的特性，另一方面还要与画面内容、节奏、氛围等相互配合，是音乐中的一个特殊门类，常被称为影视音乐。

　　影视音乐主导或配合影像作品，具有双重特性，即影视性和音乐性。其中，影视性应高于、强于音乐性。比如，某个影视音乐获得了人们的认可，在影片播放外广泛传播，可以认为这个影视音乐不仅尊重了影像的视觉规律，同时还具有十分杰出的音乐特点。

　　通常，我们可将影视音乐分为器乐和声乐。器乐，就是乐器演奏的有规律的声音。它不具有直接的语言因素，仅由乐器自身材料、发声原理的不同，而产生音量、音色、音质上的不同，往往在画面中作为背景音乐、环境音乐、辅助音乐等出现。当人们需要表现含蓄、奔放、复杂、雄浑的心理感情和画面效果时，器乐所展现的综合能力、特殊作用是其他音乐或声音所无法比拟的。

　　声乐，指的是歌手、歌唱家运用一定的词语组合，以音乐旋律的方式表现的声音。它具有较为浓厚的情感特点，可以较好地传情达意，表现画面中的情节与人物。同时，可以较好地唤起观众的共鸣，影响观众的情绪，使他们与影像产生内在的心理联动。

在影像的实际运用中，影视音乐包括无声源音乐和有声源音乐。无声源音乐，即画外音乐，指的是影像中未出现物体所发出的音乐，也是影像作品中最多的音乐类型，常被作为环境音乐、背景音乐等，也称为功能性音乐、主观音乐等。

有声源音乐，即画内音乐，指的是影像中出现物体所发出的音乐，比如，画面中出现的钢琴、小提琴、录音机、收音机、演唱等，常见于歌舞片、音乐片，也称为现实性音乐、客观音乐等。

音乐的主要作用是传情，用有规律的声音来影响、主导、辅助画面的情感走向，引发观众的浮想联翩，从而帮助视觉完成特定的艺术目的。音乐一方面可以引起观众的注意和兴趣，另一方面可以用特定的节奏来控制画面，最终使音画融合，增添作品的魅力。

5.3 音画关系

音画关系是影像中声音与画面的关系。作为目前数字影像中最重要的两种元素，声音与画面既相互融合，又各自独立。通过不同的组合方式，我们可以获得多种多样的音画效果。随着数字技术和其他拟真技术的发展，未来的音画关系将会被打破。人们所能从中体会的将不仅仅只局限于声音和画面，触感或嗅觉乃至人体的其他感觉均会加入。届时，人们将完全模糊真实和虚拟的边界，获得超越真实的复杂体验。

（1）音画同步

音画同步，也称声画同步、声画合一、声画同一等，指的是影像中的画面内容与音乐的情绪、节奏同步协调，对画面起到描述、渲染、解释、抒情等作用。同时，音画同步还指画面中的主体或视觉形象与它所对应的声音同步响应，画面中的声源与声音相互匹配。

前者主要指音响、音乐与画面内容相互配合，比如快节奏的音乐对应快节奏的画面等。而后者则主要指画面内容与该内容所应发出的声音相互吻合，比如，镜头转到电话或手机，相应地，铃声便响起；

图11，音画同步指影像中的画面内容与音乐的情绪、节奏同步协调，对画面起到描述、渲染、解释、抒情等作用。

再比如，镜头转到钢琴，琴声旋即出现等。

音画同步主要基于生活常识，即发声与声源互为充分必要关系。当声音在画面中应声响起时，观众的视觉与听觉同时起作用，使观众相信声音是画面内容的听觉表现，而画面内容是声音的视觉表现。视听感受相互渗透，为观众的观看带来完全拟真的心理感受。

（2）音画对位

对位，原是音乐中的术语，指的是音乐作品中若干个相对独立的旋律声部同时发声并结合为一个整体的过程。对位是一种技巧，也是一种方法。音画对位借用了这个概念，指的是声音与画面之间在情绪、内容、节奏、艺术效果上有着内在的密切关系，形成相互独立但又统一的对比性关系。音画对位通过一系列声音与画面的对应、错位起到在差异中协调、在协调中差异的作用。音画对位不能看作简单的声音与画面的叠加，而是利用各自的艺术特点创造一种超越声音和画面单独表现时所无法达到的含义或情绪，可以认为是一种新的声音与画面结合后的意义。一般音画对位包括音画平行和音画对立。

①音画平行

音画平行指的是音乐不追随画面，音乐按音乐的节奏进行，而画面按画面的节奏进行。声音与画面的内容无关或关系很小，从而使声音多角度、多范围、多层次、多方位地烘托、暗示、引导、强调画面。通过这种方法，声音和画面看似相互脱离，但是内在上却收到音画独立表现时所无法获得的艺术效果，从而更好地揭示影像内在的含义、人物的心理和情绪波动、环境变化、氛围渲染等。

②音画对立

音画对立指的是声音与画面相互对立、极度地反差，从而形成一种全新的意义，如利用欢快的音乐搭配悲伤的画面，或利用悲伤的曲调应和喜庆的场景，或利用快节奏的音乐搭配慢节

图 12，随着数字技术的发展，人们会为音画关系带来更多意想不到的新内容。

奏的画面，或利用古典乐搭配超现实画面等。

人们对音乐和画面均具有特定的认知，从而形成固定的心理状态。音画对立借助人们的心理共识，打破习惯，造成新解，为影像作品带来丰富的含义。

按照音画对立的概念，还有音画错位的方法，具体表现为，将声音有意地提前或滞后，从而与本应该匹配的画面形成错位效果。这种人为的手段可以给观众带来期待、疲倦、兴奋、厌烦等各种不同的观看体验，以此为影像作品特定的艺术追求提供方便。

极端地看，声音完全消失，画面仍在进行，也可视为一种特殊的音画对立。虽然这种现象又回归到了无声电影，但是这样特殊的影像效果一定是当代创作者的有意而为，也可以视为一种音画对立的现象。此外，画面完全消失，声音仍在继续，也可以认为是上者的一种特殊现象。

随着当代数字技术的发展，人们在各种器材、媒介、平台上的广泛运用，已经为音画关系带来了很多意想不到的新内容。只要符合影像的需求，为影像的整体服务，让观众产生与创作者一致的情绪波动、心理追求，这种音画关系就是贴切、流畅、适合的声音与画面的表达方式。

 思考重点:

1. 理解固定镜头的基本特点和作用,了解固定镜头不同的表现方式。

2. 学会使用和拍摄固定镜头,并运用固定镜头完成影像创作。

3. 在实践中能够正确运用固定镜头的拍摄要领和画面技巧。

第六章　固定镜头拍摄

视频器材的光学镜头是人眼的延伸。在生活中，我们用眼观察事物时会采用两种方式：一种是一目十行的扫视，另一种是目不转睛的凝视。相应地，在各类视频表现中也有两种不同的镜头表达方式：运动镜头和固定镜头。

在运动镜头拍摄的章节中，我们会比较详细地讲述运动镜头的分类和特点。由于人眼观看采用动态模式，所以理解和运用运动镜头相对比较直观；而对于固定镜头来说，由于受到固定模式和镜头焦距的束缚，初学者会有一些不习惯，需要在实践中不断克服。从后期剪辑的便利性来看，组接固定镜头的优势要大于组接不同的运动镜头。

一般来说，固定镜头是指视频器材镜头取景框处于静止状态下所呈现出的画面。换言之，在固定机位上完成一个完整镜头的拍摄时，拍摄距离、镜头角度、镜头焦距等诸项元素均无变化。

6.1 基本特点

我们对固定镜头的认识来自对画面组接的逻辑判断。在画面连接中，由于固定镜头可以多样化地组合，因此受到很多影像创作者的青睐。同时，从后期制作中，人们得到了许多对固定镜头的不同认识，这些实践启发了拍摄者在前期拍摄中加大了对固定镜头的拍摄数量。以下我们对固定镜头的一些特性进行总结。

如果从拍摄者的角度来看固定镜头，它主要有三个显著的特点：

首先，固定镜头具有静态性。固定镜头所呈现出的画面空间范围稳定，和普通运动镜头有着十分明显的区别。严格地说，除了我们使用的固定镜头以外，其他所有的画面

图1，固定镜头是早期电影从戏剧中直接借鉴而来的一种拍摄手法，具有很强的戏剧感。

图 2，固定镜头具有叙事性，突出被摄主体的运动轨迹，使得观众可以更好地理解画面的表现内容。

镜头都是运动化的镜头。固定镜头的框架具有静止性，也就是绝对静止感，它为画面内部的物体位置提供了参考依据，从而使画面中的静态物体显得更加安静，而动态物体则会动感十足。

其次，固定镜头具有方向性。由于固定镜头画框固定，视频器材光轴和镜头焦距相对静止，从而表现出明确的方向性，因此可以使观众专注于屏幕画面。摄像师在拍摄中常将它作为场景中的关系镜头，用来表达人物与环境、人物与人物、环境与环境间的位置，让观众在视觉逻辑上认识到各物体间的相对关系。

最后，固定镜头具有叙事性。固定镜头排除了运动镜头中画面的运动感和移动感，突出了画面内部被摄主体的运动，观众可以更清楚地了解主体的动作和运动趋势。因此，固定镜头能让观众更有效地理解画面内部的空间方位，还能对画面中的内容产生逻辑判断与心理呼应，进而会对故事情节做出思考、联想等。

从此点看，固定镜头的优势要远大于运动镜头。然而在最初使用时，固定镜头的"固执"会使初学者感到十分约束。视觉生理学告诉我们：在观看画面时，人眼会以活动影像为优先考虑对象。而从影像拍摄的特点看，运动镜头会造成画面内的物体无法保持静止，以此形成画框与画面的双重运动。如果两者运动协调或同向，则画面内容易于理解；如果两者运动错位或逆向，则会造成观看的别扭或歧义。相对而言，固定镜头不存在以上的困扰。由于镜头固定，即画框固定，画面内任何物体的运动都是一种绝对运动，使观众很容易理解运动轨迹和意图。初学者可以一边观看佳作学习模仿，一边结合前期拍摄与后期制作的经验逐步体会固定镜头的奥妙。比如，中国台湾地区导演蔡明亮就是善用固定镜头的代表。初学者可在他的影片中了解到很多固定镜头的特性，也可以借鉴他的经

图 3，固定镜头强化的是画面内部的运动，表现画面的客观性，具有绘画的装饰作用。

验创作自己的影像作品。

综上，固定镜头可以形成静态构图式的造型，也可以产生迥异于其他方式的镜头美学。从观众接受的心理来说，固定镜头使观众保持稳定的心理状态，为观众创造了良好的观看条件，从而提高了影像传播的效率；另外，固定镜头的作用还决定了它在影像制作中具有重要的地位。任何类型的影像，可以缺少运动镜头，却唯独不能缺少固定镜头。我们在平时的拍摄中要善拍、善用固定镜头，并不断参与到后期制作中。我们要从整部影片制作的角度来理解固定镜头的特性，从而帮助我们更好地理解镜头间的区别。

6.2 表现方式

固定镜头以静止的画框表达镜头内的物体，画面内的这些物体可以静止，也可以运动，还可以动静结合，这就使固定镜头能够同时应付不同场景的需要。人们从动态电影开始就已学会固定镜头的运用。比如，在电影发明者卢米埃尔兄弟所拍的第一批影片《工厂大门》《火车进站》中，我们发现这些影片的画面均使用了固定镜头。

（1）静中有动

固定镜头的视觉效果仿佛是在凝视某物。这与我们日常生活中静止观看的视觉习惯基本一致。有人以为固定镜头拍摄的画面都是静止的，这其实是一种误解。虽然固定镜头画框处于静止，画面也没有外部运动，但是可以通过画面内部拍摄对象的活动来表现多变的内容。比如，在拍摄戏剧时，拍摄者将镜头固定于整个舞台，舞台中演员的挪步和身形转移就是镜头内部的物体运动和调配。

固定镜头完全可以在静中有动，更可以在静中见动。固定镜头的动是表现画面内部人物或物体的运动。比如，用固定镜头拍摄两个物体对峙时，画框虽然纹丝不动，但画面中的运动却显而易见。这种画面在动画片中十分常见，由于动画要靠人工合成，不停改换场景会增加工作难度。因此动画片常在一个场景中，即固定镜头里表达两者间的运动，从而减少背景的更换，增加情节的戏剧效果。

（2）以静支动

固定镜头拍摄的画面范围不发生变化，而其中的人或物却在活动。简而言之，画框是相对固定不动的。唯有如此，方能见动。这也比较符合人眼观看事物的基本规律。

人们在运动时很难对某种事物做详尽的观察，只有在静止状态下才能做到仔细辨别。比如，天空中放飞的风筝，你往往需要停下脚步来仔细端详，这样才能集中注意力看清它的花纹和外貌。又比如，用望远镜看公园里的海豚表演，你肯定会举起望远镜，扫视环境然后定睛观瞧。如果一开始就四下扫来扫去，那大有可能是一无所获。假如你还边走边看的话，那一定会使你头晕目眩，无法判断。

图 4，人类的第一批活动影像均是利用固定镜头完成拍摄的。图为《工厂大门》的画面。

图 5，在固定镜头中，画面内部物体的运动代替了镜头的运动。如图，小舟的移动形成了画面内在的运动。

所以，使用固定镜头来支配动态是人眼生理功能的需要，人类大脑的接受特性决定了始终处于运动的画面无法表现出细节和线索。其实，影片中很多混乱的场景是导演们反其道而行之的结果。如果有意打乱一些镜头、连续运动并将镜头碎片化，就能使原本平静的场景顿时混乱起来。拍摄者可以结合这些特点，在诸如动作片、武打片、纪实影像中使用，从而化弊为利。

图6，固定的画框边界可以更好地突显内部物体的运动感。注意边框与画面中运动人物的相互关系。

（3）因静显动

正由于固定镜头的画框静止，约束了视野范围，同时还有框架边沿作为参考，所以可以使其因静显动，并能较好地表现出画面内部物体的运动状态。

图7，在静态镜头中制作动感需要拍摄者把拍摄的重点放在画面内部的主体上。如图，我们可以预想演员的下一个动作是吃鸡蛋。

固定镜头不动的画框给观众提供了稳定观看的基本条件，保证了观众在生理和心理上得以顺利接受画面传达的信息，因而运动状态的最终表现效果更好。固定镜头还可通过画面的组接方式让观众产生观看画面后的心理活动，将视觉、人物感情与观众紧密结合在一起。

（4）为静造动

为静造动是指为静态画框里的拍摄内容制造出动感来。影像画面在表现动态人物时，假如拍摄对象是静止的，那么使用固定镜头岂不是变成了静态照片吗？这样的话，就必须使固定的镜头重新运动起来吗？

其实答案并非如此，我们可以电视中常常穿插的风光欣赏的公益广告为例。很多时候由于时间配比的需要，电视节目播出时会以一些风光欣赏作为补充，比如，拍摄黄山的云海，摄像师就使用了固定镜头来表现黄山云海的恣意喷薄和气韵连绵的动感，还有拍摄泰山和张家界等的云海。在这些平时常被忽视的细节中，我们发现静止的画框和画面内部运动的物体并不矛盾，也没有变成静止不动的照片，而是由于外部的静止制造了内部更多的运动元素，从而增添了画面的动感。

6.3 操作要领

固定镜头看似简单，却是初学者最常犯错误的方面。由于初学者不懂得运用固定镜头，因而往往造成整个影像的失败。多采用固定镜头拍摄可以说是视频拍摄技艺的一个公开的秘诀，它是作品成功的一个必要条件。

（1）具体拍摄

固定镜头的基本操作步骤是：首先是选择合适的机位，确定拍摄时视频器材的视点位置；接下来进行一定的取景、构图，当仔细确定画面后，要进行精确的聚焦；最后选择合适的拍摄时机，同时掌握镜头的时间长度，适时地切换镜头。在允许的情况下，摄像师可以多拍一点，为后期的制作提供便利。

当然固定镜头的使用也有一些基本要求，在这之前它总的拍摄要求是实现画面的稳、平、实、美，其他分述如下：

第一，保持画面稳定。拍摄操作时必须持稳视频器材，确保实现画面稳定，凡有条件的尽可能使用三脚架或采用其他固定机身的拍摄方式。

第二，采取宁晃勿抖的办法。如果徒手持机拍摄，万一稳不住，请记牢，宁晃勿抖。当然，在良好的情况下，既要保持不抖，也要保持不晃。

第三，构图美观。正确的构图，要做到景别有致、构图平整，具有规范的形式美。

第四，对焦准确。由于采用固定镜头，只有精确的聚焦，确保焦点聚实才能展现固定镜头的优势。如不及运动镜头的准确，那会使人大失所望。

第五，曝光准确。根据各种拍摄意图，正确地控制曝光。可事前通过监视器和测光系统，对所摄的画面做一个预摄，达到合理的曝光要求。

图8，固定镜头的第一要务是尽可能地使用三脚架。

（2）注意事项

在拍摄固定镜头时，我们要记住一条拍摄要诀：

你动我不动，不动让你动；你若动不了，我也不轻动。这也许对初学者在实际运用中有所帮助，大家可在实践中多加体会，细心领受。

你动我不动。被摄物体在运动，镜头就固定不动，看它怎么动。只有它停下来，才能仔细看。事实上拍摄的内容通常都是运动的，采用固定镜头拍摄，一般说来画面效果

图9，拍摄烟火绽放时，使用固定镜头常常会取得良好的效果。

比较好，而且整体状态也比较受拍摄者控制。

不动让你动。被摄物体不动，有时我们可以想法子故意让静止物体动起来。比如，拍摄花卉，我们可以人为地对花扇风，造成花朵被微风吹动的效果。拍摄气球、风铃或其他小摆件，我们可以先摇动它，而后拍摄。我们可以转动转盘，使宴席台上的菜肴旋转，以固定镜头拍摄交代。一盘一盘菜肴，如同走马灯一般亮相，画面效果也会饶有趣味。有些影像片在摄录时会专门安排人员制造动感。

你若动不了，我也不轻动。如果被摄物体不可能被迫地动起来时，比如城市雕塑、建筑物、家具、壁画、照片等，那么我们可以用运动镜头拍摄，也可以通过不同景别的固定镜头切换组接产生动感来表现。

总而言之，视频中多用固定镜头、少用运动镜头是拍好作品的最佳方法。最后用一句看似极端的话来总结，视频中宁可全是固定镜头，也不要轻易使用运动镜头。假如一部影像片全都由固定镜头组合完成，没有任何一个运动镜头，这部片子也许未必有啥不妥，而且剪辑起来还自由流畅；反之，如果镜头全在运动，而无停歇，显然这些素材只能观看，而无法组接，更不用提进行有效剪辑和后期制作。

6.4 常见误区

固定镜头由于它的表现特点和作用被摄像师们广泛使用，在各类影像画面中占据主导地位。可是仍有不少人，尤其是初学者往往掌握不了固定镜头的拍摄，他们在拍摄各种镜头画面时，常常情不自禁地出现镜头的运动。这种现象在刚刚接触拍摄时比较普遍，即使很多有经验的摄像师也在所难免。我们结合各种经验，大致将常见的误区总结如下：

首先是一无所知的状态。这种现象在初学者身上尤其突出，他们一拿起视频器材就想着动，

图 10，在特定的小空间内，固定镜头有着不可比拟的优势。

图 11，很多初学者刚刚拍摄时常常会不自觉地运动镜头，从而造成画面的凌乱不堪。

手会不知不觉地移动起来。镜头一会儿推进去，一会儿拉出来，来来回回动不停，不知所措。他们大概心想，照相机动不得，这视频器材还不让动吗？也可能由于他们不懂得画面该多拍固定镜头的道理，而自己也没想过其中的问题。

其次是情不自禁的状态。有的拍摄者知道镜头应尽可能多地固定，可是也许已经习惯成自然，处于不觉的状态。有时他们心里实在憋不住，手上便会失去控制，时不时推一些、拉一些，幅度虽然并不大，但总是犹豫不决；或者微微动那么一小点，又不敢多动，拿不定主意，拍出的画面就会大小不一、景别有异。

最后是固执己见的状态。有些拍摄者对固定镜头的优势颇为不屑，认为视频器材比照相机的优越之处，正是在于镜头能任意运动。如果镜头一旦固定，岂不失去了优势。所以他们觉得镜头动起来才好，还嘲笑别人拘泥于固定镜头。于是几乎每组镜头都在动，莫名其妙推拉摇移，漫无目的东张西望，其实拍出的画面回放到电脑中基本无一可取。

由于他们拍摄的片段总是处于反复的运动状态，不是镜头水平移动，就是镜头的焦距移动，缺少一定量的固定镜头，而且每个镜头间都缺少停歇，所以画面看上去杂乱无序。这种弊病几乎成为顽症，不仅让观众看得疲惫不堪，而且还让人头晕目眩。其实很多玩过 3D 游戏的朋友都有这样的体会，所以还有人将此戏称为 3D 晕眩症。如果电视也一直出现这样的状况，岂不是让观众无法享受了？

在此，我们有一个很简单的办法，大家可以立即尝试一番。大家打开电视机后将所有声音消除，然后可以仔细地分辨一下其中的画面是固定的多还是运动的多。如果我们对照一下并且认真地细想之后，就能深刻地理解固定与运动的关系了。

其实，固定镜头给人以稳定的视觉效果，是应用最广泛的镜头形式。在影视作品中使用频率最高的正是固定镜头，它的大量使用是影视作品成功的基本条件。请大家静下心来，努力控制住自己的手，务必采用固定镜头来拍摄素材。

图 12，有很多导演始终用固定镜头拍摄影片，做到了一种极致。图为《东京物语》中固定镜头的示例。

思考重点：

? 1. 了解并掌握推、拉、摇、移、跟五种基本的运动镜头拍摄。

2. 学会场面调度的原理、方法和技巧，以及与运动镜头间的关系。

3. 理解轴线原则，并在实践中运用该原则进行影像创作。

第七章　运动镜头拍摄

视频具有表现运动和运动轨迹的特性，并在长期的影像表现中形成了独具特点的镜头运动法。固定镜头拍摄时采用固定机位，它既不改变距离、方向、高度，也不改变镜头焦距；而运动镜头则恰恰相反，它通过改变距离、方向、高度等诸元素来实现镜头的表达。

这里的运动镜头指通过改变拍摄机位、镜头光轴或焦距等方法进行一系列拍摄的过程。在运动镜头中，最显著的外部特征是镜头画框的运动，也是拍摄者代替观众视线进行运动的过程，更是一种模拟眼睛观看的过程。

运动镜头主要有推、拉、摇、移、跟，及多种运动形式结合的综合运动镜头。一个完整的运动镜头应当包括起幅、运动、落幅三部分。在拍摄运动镜头时，我们必须做到干脆利落，起幅、运动、落幅都应明确到位，毫无迟滞。

7.1 推摄镜头

推镜头指机位不变、镜头光轴不变、拍摄方向不变，通过改变视频器材镜头的焦距得到画面景别由大到小、景物由远及近的过程。它常和拉镜头形成一组对比和反差。

推镜头还指在不变动焦距和光轴的情况下，仅通过向前移动机位来实现一系列画面景别由大到小、景物由远及近的过程，比如使用拍摄导轨和移动滑轮等。

需要注意的是，改变焦距的推镜头与机位前进的推镜头，在运动效果和透视关系上会略显不同。一般，推镜头由起幅、运动（推）和落幅三个部分组成。

（1）表现方式

推镜头表现的是视频器材画框向前运动，画面视点逐渐前移并靠近主体，反映多种景别在过渡中变化的过

图1，通过导轨的推摄是专业拍摄中最常见的一种手法。

程。当观众观看推镜头时，他们可以了解空间中整体与局部的大小、比例、前后等关系。因为画面范围由大到小、场景中的非主体部分被不断排除，所以推镜头可以起到突出主体、表现细节、引起关注、吸引兴趣等作用。

推镜头会形成空间的连续变化，具有强烈的视点制约性和视觉的引导性。同时，推镜头保持了时空的统一、连贯，使主体与环境的联系真实可信。

在逐渐接近被摄主体时，推镜头具有连续前进式的蒙太奇效果，能够形成循序渐进、逐渐强化的画面效果。因此，推镜头可以产生由弱到强的视觉节奏。当我们使用一个急推画面时，使画面节奏不仅更具压迫感，而且还具有极强的视觉震撼力或惊悚感。

（2）拍摄要领

一般我们采用变动焦距的方法来拍摄推镜头，有条件的情况下可以使用辅助工具来完成推镜头的运动。推镜头的落幅是整个运动过程中的核心，应当先确定落幅的景别、构图，聚实落幅时的焦点。

在拍摄时，我们可以先拉到起幅位置构图，试推一遍。在推镜头时，起幅时间约2~3秒，继而拨动变焦按钮让镜头缓缓推向视觉主体，到达主体目标后渐渐落幅1~2秒，也可根据情节适当延长落幅时间。

当推镜头拍摄完后，它还要体现以下几点：

第一，强调重点部位。推镜头，拍摄范围由大变小，主体逐渐放大，既能够交代主体所处的环境，又能看清局部的细节，还可以强调重点部位的特征。此时，我们必须选择表现的重点，不能随意变化，造成画面效果的犹疑不决。

第二，反映表情变化。推镜头可以反映人物的表情变化，揭示人的内心活动。比如，在人物访谈节目中，有时主人公在叙述中有情绪起伏。此时，画面可由中全景缓缓推到近景或特写，表现人物脸部微小的动作变化。

第三，表现情感效果。在一些能实现手动快速变焦的视频器材上，我们可以"急推"镜头来拍摄某些画面，用来表现强烈、亢奋的情感，从而产生爆炸式的震撼效果。但此类镜头需在事先有脚本安排或内容需要，不能想到就做，会让观众费解或感觉突兀。

第四，用于画面组接。推镜头可用于两个画面的转场。当前一个镜头推到某个局部时，它可以与后一个镜头某个局部组接在一起。但需注意的是，这两个连接的物体或局部必须有某种关联性，相应连接的画面才合理巧妙。这种方式较早在法国新浪潮电影的剪辑中出现，成为当时一种简便易行的画面组接法。

第五，操作必须娴熟。虽然推镜头的运用较多，运动感也较强，但我们仍应谨慎考虑，尽量控制使用频率。确要使用，则我们必须操作娴熟、技法到位，务必意到手到，镜头拍摄没有拖沓，以干净利落为宗旨。

图2，推镜头的目的在于将重点表现出来。如图，拍摄者从大环境中使用推镜头的目的，是希望观众注意手的组合。

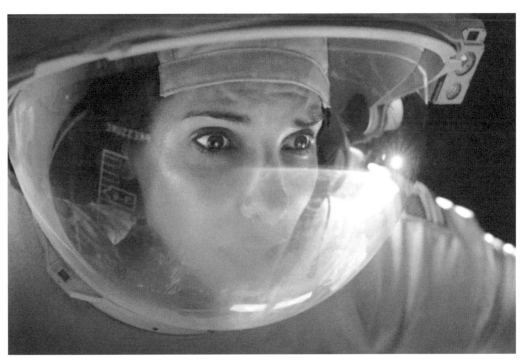

图3，推镜头还可表现人物的情绪变化，特别是脸部情绪的变化。

7.2 拉摄镜头

拉镜头指机位不动，镜头光轴和拍摄方向、角度也不变，通过改变视频器材镜头的焦距而得到画面景别由小到大、形成景物由近变远的过程。

拉镜头还可以不变动焦距和光轴，仅通过向后移动机位或后退的方式来实现。与推镜头一样，改变焦距的拉镜头与机位后退的拉镜头，两者的拍摄效果、透视关系均会有所不同。一般，拉镜头由起幅、运动（拉）、落幅三部分组成。

（1）表现方式

和推镜头一样，拉镜头的最大的表现形式是改变画面结构。由于拉镜头造成画框向后运动，所以它可以反映出多种景别顺次变化的过程。观众在一个镜头内可以了解主体在空间的位置、局部与整体的关系。由于新的视觉元素逐渐加入，与原有主体产生联系，构成新的组合关系，从而造成画面结构、内容，甚至意义的变化。

在影视作品中，我们经常会看到这样的拉镜头：以某些局部作起幅开始，而观众的思想活动又偏偏深受这些局部的影响形成思维定式，拉到落幅才呈现整体形象，这就有可能制造出始料不及的效果。当然，我们也经常看到由一个不起眼的主体开始，通过镜头的综合运用和拉升，在画面中逐渐由点到面，直至到达全景的过程。在此过程中，拉镜头起到了对比、衬托等作用。这个手法在电影开场中时常使用，特别是在好莱坞的故事大片中被反复使用。

一般随着镜头向后拉开，人们的视野范围会不断扩大，被摄主体所占面积由大变小，视觉重量逐渐减轻，而主体周围环境的空间得以充分表现，这样一来便交代了主体所处的位置，表现了主体与其他景物的关系或时间特征等。

和推镜头的方式相对，拉镜头表现主体逐渐远离的效果，具有连续后退式蒙太奇的特征，形成了相对由强到弱的视觉节奏。

图 4，拉镜头用来表现一个宏大的场景和环境，介绍主体的所处的位置与关系等。

（2）拍摄要领

一般视频器材都有电动变焦装置，可以采用按压变焦杆的方式控制焦距变化来完成拉镜头的拍摄。拍摄时，我们先要确定落幅的构图，然后推到起幅位置构图、聚焦，尝试拍摄一遍。通常拍摄一个拉镜头，起幅需要 2~3 秒时间，然后缓慢推向视觉主体，落幅需要 1~2 秒完成。

图 5，拉摄镜头最重要的目的在于还原空间，使得表现的主体与空间产生某种相互关系，达到对比和反衬等效果。

当拉镜头拍摄完后，它还可以体现出以下几点：

第一，展示空间位置。拉镜头在拍摄时，拍摄范围由小逐渐变大，主体缩小，给人以开阔的视觉感受，多用来表现主体在空间的位置。这个时候要注意主体在空间中的位置和比例关系，尤其要注意主体和环境、场景的对比效果，不可从主体出，最后拉出画面，主体却不知所踪。

第二，表达抒情的意蕴。拉镜头可以调节人的视觉感知，即能表现由紧张趋向松弛缓和的心理状态，慢拉则更具抒情意味。因此拍摄者可根据内容表达的需要，选用拉镜头拍摄，并确定合适的速度。

第三，制造特殊的反差效果。我们在拉镜头拍摄时，也能用手动快速变焦的方法，急速拉出焦距来拍摄某些画面和主体，用以制造爆炸式的画面效果。比如，在表现人多拥挤时，我们可以从一个个体较快速地拉开来表现更多的人群，用以制造一种人满为患的效果，让观者产生惊诧的心理。

7.3 摇摄镜头

摇镜头指机位不动，通过转动视频器材镜头光轴或拍摄方向的角度来进行拍摄的过程，是一种表现力丰富的拍摄手法。

摇镜头以不同的方向角度分可分为水平摇（即横摇）、垂直摇（即竖摇），这两种主要方法。水平摇可以从左向右，也可以从右向左；垂直摇可以由上而下，也可以由下而上。

摇镜头以不同的速度来分，有慢摇、快摇、甩镜头等。通常摇镜头由起幅、运动、落幅这三个部分组成。

（1）表现方式

第一，表现场景空间。摇镜头通过转动视频器材镜头光轴来拍摄，机位虽未变动却能表现较大的场景空间，这个特征与人们日常生活中原地站立环顾四周的效果相似。

图6，摇镜头还可以表现两个主体间的相互关系，便于逻辑上的理解与推进。

第二，引导视觉注意。摇镜头通过画面的外部运动，特别是水平、纵向上的运动来表现出一定画面的强制性，引导视觉注意力由此及彼地转移。特别是在正常情况下，人们通常不以此作为视觉运动的轨迹，因此也增加了画面的新鲜感。

第三，反映位置关系。摇镜头能表现两个主体的空间位置关系，有时在情节上表达了两者间的内在逻辑。一般说来，摇的速度要均匀，不可时快时慢。但有时我们根据拍摄内容的需要可作减速、停顿的间歇摇摄法，在一个镜头中形成若干段落，这样既引导视觉的停顿，又反映出主体间相互的关系，还可以为剪辑制作过渡效果。

第四，产生情绪效果。由于摇镜头对观众视线做出调整，具备推动事件情节发展的可能，所以影视片常用摇镜头表现恍然大悟等反应；同时，摇镜头的速度还影响着观众的观看心理，摇镜头的方向角度能表现影片主观的情绪感受。比如，倾斜摇、旋转摇可以表现活跃、欢快的情绪，以此来模仿动作的起伏和人眼的俯仰等情况。娱乐性节目或有些纪实片经常采用旋转摇摄法，使得画面表现轻松与愉快。当然根据内容的不同，有时倾斜摇、旋转摇也会产生惊慌、恐惧等诸如此类的反面效果。

第五，为特殊镜头的组接服务。在拍摄摇摄镜头时，甩镜头是摇摄的极端表现形式。它在摇摄的过程中，将画面完全虚化，被快速抛甩动作所代替。甩镜头具有强烈的动感，极度地夸大起幅与落幅之间的联系，可以用来表现时间地点的快速转移。在视频创作中，甩镜头有时被用作特殊的镜头组接，比如在一个甩镜头的末端可以连接下一个画面以起到开场作用，特别是在场地、空间和时间的变化中，用以表达一种快速转移的意味。

（2）拍摄要领

在拍摄摇镜头时，我们首先要找好落幅位置，确定景别的构图，聚实落幅画面的焦点。其次，如果采用手持式拍摄，我们需要身体呈站立姿势，以保证落幅时舒适自然为宜，转动腰部做起幅构图，试摇一遍，越接近落幅，身体姿势越趋于放松舒展。如使用三脚架拍摄，则我们要在拍摄时做到均匀、有序，不可幅度过大。最后在使用摇镜头时，一般我们控制起幅在2~3秒，然后摇动镜头，最后落幅控制在1~2秒内，有时可视实际情况适当延时亦可。

当摇镜头拍摄完后，它还可以体现出以下几点：

第一，展示空间关系。首先，摇镜头可用来展示广阔的空间，扩大视野并显示空间的规模，表现运动物体的动作或两物之间的内在联系等。其中，水平摇常用于拓展视野、介绍环境，给人以平静、开阔的感受；而垂直摇可以显示自然景物或建筑物的巍然壮丽，令人产生崇高、正直向上的感觉。另外，从上向下摇还能制造拔地而起的效果。

第二，内容决定速度。摇的速度与所拍摄的内容有紧密的联系。比如，在用摇镜头介绍上海外滩的建筑群时，镜头的起幅、中间的运动部分与落幅同样重要，摇的速度宜慢一些，把每一座建筑物都交代清楚。而在使用摇镜头拍摄孩子在草地玩遥控电动车时，镜头可以分别以玩具汽车与操纵遥控器的孩子的

图 7，摇摄的速度要均匀、节制。因此，一个有着良好阻尼的云台是拍摄好摇摄的前提。

手作为起幅和落幅。这个镜头中间的摇表示前后两者的关系，具体过程不太重要，速度略快一些也没关系。

第三，速度反映情感。摇的速度与表达的情感相关，快摇能表现兴奋、紧张等情绪，慢摇则有表现稳重、懒散或舒缓作用。而在运用急摇的甩镜头时，其要点在于：为什么甩，前后镜头是否有联系，它们形成了怎样的逻辑关系，它们要表达怎样的思想感情等，这些都要事先考虑周全。

第四，方向要求明确。摇的方向没有特别的规定，介绍大环境的摇镜头，通常无论从左向右或从右向左摇都可以，但必须注意落幅时的构图完整。横幅或其他有文字内容的镜头，按书写阅读顺序摇摄，一般都是从左向右，由上而下。

当表现两个对象之间联系时，摇镜头应当讲究选择起幅和落幅。谁作起幅，谁作落幅，这要根据表达的内容来决定。因为视频画面是镜头的语言，不同镜头会产生各自不同的含义。各种不同的摇法，所表达的意思也是各异的。比如，一般认为落幅是起幅的逻辑结论，而起幅是落幅的原因与开端。根据这样的思维关系，我们在组织起幅和落幅时要考虑到观众观看时的心理思维。

第五，考虑对象变化。我们在拍摄这类反

图 8，摇镜头的起幅与落幅之间要求产生一定的因果关系。舞台表演中的摇镜头最为多见，以此灵活掌控各个人物的关系。

映两者之间内在联系的摇镜头时，还须考虑到被摄对象表现状态的变化因素。有的对象可能因拍摄而受到干扰，引起某些动作、表情等变化，那么这个对象就应当作为起幅，先对这个对象进行拍摄，这一般是基于拍摄者的社会观察和经验。

7.4 移摄镜头

移镜头指视频器材作无轴心运动进行拍摄的方法移镜头一边移动机位，一边拍摄，所摄画面能产生特别的立体效果。

移镜头可分为平移、升降、进退等。平移可以从左向右，也可以从右向左；升降是由下而上，或由上而下的移动拍摄；进退也可视为推、拉拍摄的一种变形手法，还可以斜向移摄等。一般，移镜头由起幅、运动、落幅这三个部分组成。

（1）表现方式

移镜头的存在有着以下几个具体方面：

移镜头来自人们日常生活的视觉经验，比如在行进的车辆中观看窗外的景物、在行走中观察街边的橱窗等。移镜头还是心理活动的体验。运动画面使影像整体产生动感，而动感的影像画面与节奏会使观者的情绪受到影响，表现出特定的感情因素。

当移镜头采用不同的运动方向时，它会产生画面内容和结构上的相应变化。移镜头的优势在于对复杂空间的表现上具有一定的完整性和连贯性，在不切换画面的情况下，能对空间景物进行立体化的描绘。因此，移镜头拓展了画面的视觉空间，解放了拍摄时物理空间的限制，突破了画框的约束并对视觉的空间透视产生一定影响。它有助于表现复杂场景，并使画面产生恢宏的气势。

当移镜头被用于和被摄主体产生同样的运动轨迹时，它可以表现出主体运动的姿态和局部细节；也可以与被摄主体运动轨迹发生参照关系，反映主体的活动范围和路径。这里有一个十分著名的例子，在电影《地道战》中有很多场景是从屋里到屋外，或是从墙脚到屋顶，拍摄者在这其中运用了大量的移镜头，常常表现出民兵战士灵活矫健的身形和机智多变的战术。即使在今天影视片泛滥的时代，这些画面仍然堪称

图9，移摄镜头可以和运动的主体产生一样的运动轨迹，使人感到主体运动时的状态和局部细节等。

经典，我们可以细细体会，认真揣摩。

移镜头以其特殊表现形式，起到引导观众视线，吸引其注意力等作用，还可以产生相应的画面情绪节奏，影响观众最后的观看心理。如上文提到的《地道战》中的移镜头，我们从中能体会到中国军民的机

图 10、在现代拍摄中，结合电动摇臂等可以完成比较复杂的移摄运动过程。

智勇敢和敌人的愚昧迟钝，这在当时的宣传环境下取得了艺术和形象的双重收获。

（2）拍摄要领

在拍摄移摄镜头前，我们首先要观察并确定要做移摄的对象，设计移摄的方向和路线，通过试拍的形式，将取景、构图、聚焦等技术问题落实一遍；其次，在移动的过程中要保持构图的正确，并跟踪和确定聚焦；最后进行实际拍摄，通常我们需要起幅 2~3 秒时间，然后缓慢进行移动，最后落幅需要 1~2 秒时间，根据实际情况还可以适当延长收尾的时间。

当移镜头拍摄完后，它还要体现出以下几点：

第一，移镜头可以展示景物的层次。移镜头可以表现人物的空间关系，展示景物的层次，尤其是场景中丰富的细节和纹理。在运动物体上拍摄是我们最为常见的移摄法之一，比如在开启的汽车中。通常我们会在路上看到新人婚礼时随车的摄像师探出车身进行车队的跟摄，这就可以理解为典型的移镜头。此时，将主车、跟车、随车等各种车辆进行完整的展示是移镜头的优势。

当使用上升的移镜头时，可以产生纵览全局的心理感觉，这个方法如果运用得当，能形成非常优秀的空间透视感，这个方法常用于表现场面的规模和恢宏气势。比如，在影片《拯救大兵瑞恩》中，当美军夺取海滩，准备向内陆挺进时，导演在拍摄人物移动时，使用了一个上升镜头，此时可以看到海滩上旌旗招展，美军遍布在海滩之上。该镜头的运用，可以让观众领会到这是一场艰苦卓绝但最终获胜的战斗。

第二，移镜头可以表现拍摄者的主观感受。移镜头可用来表现运动人物的主观感受，充当主观镜头的应用，比如在拍摄主人公行走时，就可安排一组移摄镜头。视频器材以主人公的视点作机位，并模仿他行走的动作，一边前进，一边拍摄，表示这时视频器材代替主人公的位置，行走在马路或各种场景中。如果这个镜头略微有晃动或模糊，还能显得更加真实和具有现场感。我们可以常在警匪系列作品中看到此类镜头，用以表现罪犯的落荒而逃或是警察破门而入时瞬间的急切心理。

图 11，跟摄镜头常与运动物体保持相对运动的状态。如图，算是一种很极致的跟摄拍法。

第三，移镜头的运用必须慎重。当运用移镜头时，我们必须有充分的道理，除在内容表达的需要非用移摄不可的情况下，一般应尽量少用或选择使用。某些初学者经常毫无理由地就随便移动起来，给后期制作中的剪辑带来麻烦。特别是拍摄移镜头时我们必须注意安全，尤其是后退移摄时更应十分小心，一定要留意身后有无障碍，如果有可能，最好能多人合作或是预先看好路径，以免造成不必要的意外。

7.5 跟摄镜头

图 12，使用跟镜头时，斯坦尼康是一个很好的辅助设备。

跟镜头指视频器材跟随被摄主体一起运动，是一种表现主体运动状态的拍摄方法。对于运动中的主体而言，跟镜头将跟随人物的运动而做相应的跟随拍摄。

跟镜头的运动方式可以是摇，也可以是移，即摇跟或移跟。跟镜头的形式或方法不拘小节，主要是将主体运动时或行进时的状态表现出来，由此获得的画面真实感强、现场感丰富，能增加观众的观看体验，营造轻松、随意的画面风格等。

（1）表现方式

跟镜头有着明确的运动主体，无论单个或多个，视频器材都要与主体保持相对的运动趋势，同时也要包括景别的相同变化，从而使被摄主体在画面中处于相对稳定的位置。

由于在跟镜头画面中，背景环境的变化十分明显，而主体呈现相对静止的状态，所以跟镜头可以让观众的视线被牢牢吸引住，还能看出主体与环境间的相互关系。这里要注意"跟"的深层含义，跟是指跟摄住拍摄主体，而不是主体以外的背景或其他东西，所以主体的确定性是最重要的。

对于一些从背后移摄的跟镜头，它们往往使观众的视点与画面主体人物的视点重合，带有很强的主观镜头的特征，所以可以表现出明显的现场参与感。这是跟镜头的一个长处，我们可以利用这种手法在纪实类的节目和影像中制造现场氛围，让观众从心理状态上产生一种情景的认同和归属感。

（2）拍摄要领

在拍摄跟镜头时，我们首先要对运动中的人物取景、构图、聚焦；其次要保持视频器材与运动主体相等或相近的速度同步运动；最后在拍摄过程中保持构图的美感，并要注意焦点的变化，一边跟摄，一边对主体修正聚焦，保证主体和镜头之间始终处于完美的跟焦状态。

当跟镜头拍摄完后，它还要体现出以下几点：

第一，跟镜头可以表现相互的运动状态。我们常见的摇跟法一般可以表现运动的整个过程，如拍摄短跑运动员由起跑一直到终点冲刺的运动状态。

第二，跟镜头可以进行等速运动拍摄。最简单可行而效果又好的移跟，是摄像师与被摄主体保持变化不大的一定距离、基本相等的运动速度来拍摄，如坐在车上拍摄马拉松长跑运动员的镜头。

视频器材与被摄主体在同一载体上拍摄，比如在旋转木马上拍摄儿童、在行进的车辆中拍摄对方车辆等。两者相对静止，背景持续流动，画面效果甚佳。

第三，跟镜头可以进行镜头的综合运用。跟镜头可结合推或拉摄法成为综合运动镜头，可根据实际内容表达的要求而综合运用。靠摄像师走动拍摄移跟镜头，最好由两人辅助协助完成，特别是在后退或是崎岖的地方，由于拍摄者全神贯注在拍摄主体，常常注意不到周围环境，因此一定要做好预防。

7.6 综合运动镜头

综合运动镜头指在一个较长时间中镜头运用推、拉、摇、移、跟等多种形式，连续并且不间断地拍摄某个物体或对象的过程。

综合运动镜头可以把几种运动摄影法连接起来。当镜头运动有先后时，按顺序拍摄的过程称为连动法；当镜头运动同时进行时，同步拍摄的过程称为合动法。一般，综合运动镜头由起幅、综合运动、落幅三部分组成。

（1）表现方式

综合运动镜头的拍摄可以较为立体地反映主体。通常在使用综合镜头时，会出现视频器材机位、镜头焦距和镜头光轴这三者的联动反应。

首先，综合运动镜头的优势在于展示复杂的视觉效果，并能够表

图13，综合运动镜头是综合、立体地表现主体的一种拍摄方法。

现较为复杂的空间。同时，综合运动镜头也有
着丰富内涵。它可以连续不断地表现画面时空
里的情节和动作，形成多结构、多层次、复义
的画面关系。由于画面结构多元，增加了画面
内涵，所以为拍摄者提供了多意图的表达手段。

其次，综合运动镜头可以使叙事结构完整。
当需要表现较长的时间和连续性动作时，为保证
叙事的合理，我们会使用一系列的综合运动镜头
来体现画面的真实感。其实，这也是在模仿人的
日常生活情形。在实际生活中，一个人的运动轨

图14，综合运动镜头的拍摄表现的是事件的连续运动性，具有很强的真实感。

迹常常是左顾右盼、前后变化，而这种日常经验和心理体验正是综合运动镜头的生活基础。

最后，综合运动镜头可以使影像画面流畅自然。当综合运动镜头运用得当时，画面可以呈
现出前后的连贯性，并具有一定的节奏韵律感；配合一定的声音效果，还可以激发观众内在的
音乐性，引发大众的审美共情。

综合运动镜头在拍摄时，还会与电影艺术中的长镜头概念产生联系。长镜头是用一个镜头
拍摄一个完整段落的过程。长镜头的长度，即时间，并无明确、统一的规定。一般我们将几十
秒至几分钟，乃至几小时不中断的镜头都称为长镜头。如果一个综合运动镜头有一定的时间长
度，我们就可以认为它是长镜头。

长镜头的产生基于人们认知世界的真实美学观。电影理论家们认为，镜头剪辑、组接或蒙
太奇会破坏人们对于真实世界的理解，而长镜头一镜到底的拍摄过程却无此忧虑，且更加符合
真实性。

与综合运动镜头相似，长镜头可以同时构建时空。在空间上，它以连贯的方式处理了主体
与环境间的关系。在一个具有纵深的空间中，它通过空间中主体的位置和运动直接产生影像的
内部张力。在时间上，它保证了镜头运动的时间长度，将镜头内的时间与观看时间或观众的心
理时间持平，用连续性的时长影响观看者的情绪。

（2）拍摄要领

在拍摄综合运动镜头时，首先，我们要观察被摄景物，根据主题表达的需要来确定综合运
动镜头的拍摄路径。我们可以先做镜头的试运动，留心运动的速度是否适当，不要过快或过慢，
并仔细观察构图效果，特别是落幅时要美观大方。其次，我们在拍摄中要时刻注意焦点的变化，
以便在正式拍摄中及时修正。最后，在正式拍摄时，一般起幅需要2~3秒时间，然后再进行综
合运动拍摄，落幅需要1~2秒时间。我们根据实际情况还可以适当延长落幅时间。

综合运动镜头拍摄完后，它还要体现出以下几点：

第一，运动顺序要清楚。连续式的综合运动镜头，镜头运动的先后顺序要清楚，即镜头的
运动轨迹要清晰，不然会造成观众理解上的前后错误和逻辑混乱。

第二，运动层次要分明。合动式的综合运动镜头，镜头同步运动的层次要分明，不可忽上忽下，否则会造成镜头中主体与背景的比例失调。

第三，及时变换拍摄形式。运用不同的拍摄形式完成综合运动镜头后，我们可以最后升高视点，达到观察全貌的效果。

图15，连续的综合运动镜头要注意镜头的先后运动方式。比如，在全景拍摄时，镜头运动由上而下，可以介绍一个场景的全貌。

7.7 场面调度

在拍摄运动镜头时，摄像师要时刻注意镜头前主体的运动及运动轨迹，同时注意各个主体间的运动关系，以此来合理安排、调度好镜头的运动方式，达到有序、真实、惬意的视觉效果。我们可将这个过程用场面调度来予以概括。

从字面上来看，场面调度指场景中的各个物体与摄影机之间的运动关系。这里场景中的物体，指的是人、物品、景物、背景等所有镜头内可能涉及的一切，它们按照某个特定的故事或情节展开、发生和结束。因此，这些运动既有绝对运动，比如摄影机和固定景物之间的运动关系；也有相对运动，比如摄影机和移动主体之间的运动关系等。

（1）表现方式

追溯起来，场面调度最早出现在法国戏剧表演中，意为舞台上的布位。单从解释来看，我们就可以清楚地了解到场面调度的实际含义。导演或现场指导对舞台上可以移动的一切视觉物体进行合理的搭配与安排，这个过程包括了

图16，场面调度是编导在拍摄前对拍摄的各个细节做统一、详细的布置。如图，我们从画面中可以发现明显的人为效果。

舞台上的各种布景和小物件摆放，也包括舞台上的人物站位，同时还包括各种道具与人之间的位置、距离等细节。总之，这是一个多维的、符合剧情发展的、模拟现实生活的活动过程。它

图 17，场面调度最早是指舞台演出时戏剧人物的站位。

的最大目的是通过人工组合，使观众确信自己身处在现实中，并获得观赏戏剧的真实感。

　　由于电影和戏剧有着很多天然的联系，所以早期电影拍摄时就引入了戏剧中有关场面调度的观念，并且深刻影响了此后各类电影制作以及视频技术的发展。其实回想一下各类电视栏目和画面，由于观众对场面调度已经习以为常，所以总觉得出镜的主持人或是某个新闻节目画面是如此自然贴切。而观众如果身处拍摄现场，就会发现主持人和摄像师之间的走步有着十分微妙的心照不宣。

　　电影中的场面调度是导演或编剧等各种工作人员精心安排的结果。越是复杂的场面调度，越是能体现视频的优势；同时结合各种镜头的俯仰摇移，会让观者在观看时恍惚于真实和虚幻之间。著名导演希区柯克的影片就有着十分杰出的场面安排，后人常将他的电影作品作为教学范例。我们也可以多看一些类似的影片来深度理解如何合理与规范地进行场面调度。

　　在平时的拍摄中，我们无法也不需要做到电影方式般的场面调度，但是一定需要结合上文所说的各类运动镜头，使自己拍摄中的人、物、景这三者之间达到搭配合理、前后有序、符合常理、视觉顺畅的效果。拍摄者需要和编导以及主播在拍摄之前，反复预演与合练，确保在正式开拍后的万无一失。

　　在视频拍摄中引入场面调度的理念就是希望拍摄者站在一个更高的位置，以掌控全局的观念对运动镜头做更加全面的理解与阐释。运动镜头不是为动而动，它的每一次运动都在模拟人的观察习惯，寻找影像与人类视觉规律的契合点。如果违背人作为观看主体的基本原则，那么拍摄出来的画面无疑是混杂不堪的片段，更是难以连成逻辑关系的剪辑素材。

（2）轴线原则

　　在视频器材拍摄的机位安排中存在 180° 轴线现象。虽然这是一条隐含的、始终看不见的线条，但是它在各类影像拍摄中却经常出现。因此我们必须予以重视，且要在拍摄中加以合理运用，避免出现违背轴线原则的操作。另外，轴线现象也是视频基础中的常识，是每位摄像师在实际拍摄中都必须掌握的内容。

　　轴线，在动态影像拍摄中是指由于被摄人物或物体的朝向、运动和被摄体之间的交流关系所形成的一条虚拟直线。它在拍摄中不易被察觉，但是在后期剪辑时却一目了然。也可以说，轴线现象是沟通拍摄者在现场和后期制作中的一个切入口。它时刻提醒拍摄者，现场拍摄的素材好坏与后期制作的优劣休戚相关。

①简介特点

轴线现象分为关系轴线和运动轴线。关系轴线是指在人物之间的相对位置与人物位置所形成的相互交流中，有着一条表明相互关系的虚拟直线。比如，在任意的影像中，一对正在谈话的人物，当一方从左向右说话时，另一方需从右向左说话，从而可以表明两者的相对位置与关系。如果双方在画面中均显示从左向右或都是从右向左，则会造成画面为两人同向说话的效果。

运动轴线是指人物或物体运动时，在其运动方向的画面上所形成的一条虚拟直线。比如，画面中人物由左往右运动，我们理解为其向前步行。当

图18，场面调度说到底就是镜头的运动安排，但是这牵涉到拍摄的预演和安排。

图19，在运动轴线中，物体运动的方向是恒定或约定的。如图，人物从左向右行走，如果此时站在人物行走方向的右侧拍摄，即会产生越轴现象。

画面中人物由右往左运动，也就是我们从人物右侧跳到人物左侧拍摄时，我们理解其为反向步行。

摄像师在表现人物之间的相互位置时，或在拍摄人物、物体的运动而做出相应机位变动时，必须遵守这条看不见的轴线原则，以保证被摄对象在画面内的空间位置合理、空间统一。

②三角形原理

在实际拍摄中，存在一个机位三角形原理。其目的是为了保证在拍摄一个具体场面时，指导视频器材机位的分布和摄像师的站位，从而确保各镜头之间的视觉形象、关系、空间以及逻辑形成连贯性。

三角形原理一般分为两大类：在关系轴线下的三角形原理和在运动轴线下的三角形原理。

关系轴线下的三角形原理指在拍摄对话场景时，关系轴线的两侧各存在一个三角形关系，即关系轴线任意一侧的三个机位位置之间形成一个三角形关系，且该三角形的底边与关系轴线平行。

因此，在关系轴线的情况下，三角形原理所示的三角形关系中，三个顶角位置分别布置有三台独立的视频器材，分别承担三种不同的拍摄任务。其中，还存在有内反角机位关系，即三角形顶角位置的视频器材拍摄对话的全景画面，三角形底角位置的视频器材分别由内向外拍摄对话的两人；外反角机位关系，即三角形顶角位置的视频器材拍摄对话的全景画面，三角形底角位置的视频器材分别由外向内拍摄对话的两人；内外结合角机位，即内反角机位中套用外反角机位或外反角机位中套用内反角机位，需注意套用间的逻辑和视觉关系。

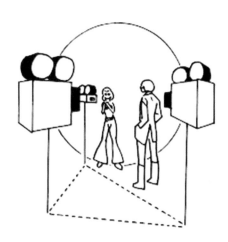

图20，在实践拍摄中，为了保证画面之间的内在关系、视觉逻辑，摄像师会根据三角形原理来进行机位调度与站位。

图21，关系轴线的三角形原理是指在拍摄人物对话时，人物与视频器材之间存在隐形的三角形关系。图为常见的面对面交谈方式。

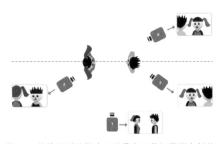

图22，轴线原则的根本目的是为了保证画面内部的空间符合人们的视觉逻辑，以保证影片叙述的流畅和完整。

当对话双方高度不同时，我们应以平均高度拍摄全景画面介绍两者关系，同时结合镜头的俯仰角度，以区别两者的高度差：以俯视镜头拍摄较低位置的对话者，来表现视点较高者的主观镜头；而以仰视镜头拍摄较高位置的对话者，来表现视点较低者的主观镜头。

运动轴线下的三角形原理指在拍摄运动场景时，在物体运动方向的同侧存在一个三角形关系，即在物体运动方向一侧的三个机位位置之间形成一个三角形关系，且该三角形的底边与关系轴线平行。

其中，处于三角形顶角位置的视频器材拍摄全景画面，处于底角位置的视频器材分别拍摄中景或特写画面，按照镜头组接规律形成一个连贯的运动动作，并保持运动的连续性和顺畅性。以屏幕画面为例，当运动物体从画面左侧向右侧运动时，首先由顶角位置视频器材拍摄全景画面，其次由位于画面右侧底角位置的视频器材拍摄中景或特写画面，最后由位于画面左侧底角位置视频器材拍摄中景或特写画面，从而完成全部运动轨迹介绍。如果视频器材数量充裕，则可沿三角形平行于运动轴线的位置设置若干不等的视频器材做进一步的详细介绍。

③基本规则

轴线原则要求视频器材应该在轴线的一侧区域内设置机位或安排运动，从而为后期制作中剪辑符合轴线原则的画面服务。被摄主体的位置关系和运动方向必须始终一致，以保证其在画面内的运动合乎视觉逻辑。

一般而言，前后相邻的两个镜头不能跨越180度到物体或人物的另一个侧面拍摄，否则就会造成越轴，使得观众误以为被摄体一会儿向右、一会儿向左，令人产生歧义。尤其在拍摄人物访谈时，两台视频器材必须安排在人物关系轴线的同一侧，并采用"外反拍"或"内反拍"的方式来进行，这样既可以确保画面符合轴线原则，又可以获得较好的取景角度，从而尽显人物对话的现场感。

在实际拍摄中，有某些特定场景里可能会出现双轴线情况：既存在关系轴线，又存在运动轴线。在这种情况下，摄像师应当以关系轴线为主要轴线，使运动轴线服从于关系轴线的安排，这样就可以灵活跨越运动轴线去进行镜头调度和拍摄。

④实践运用

轴线原则在实际运用中对表现画面内容、叙述故事情节、观赏视觉效果以及创造心理节奏等方面，都具有重要的意义。

首先，我们来谈一谈遵守轴线原则的规律。当摄像师拍摄遵守轴线原则的画面后，内容表现不仅合理得当，而且具有良好的视觉逻辑关系。在叙述故事情节时，遵守轴线原则的画面可以使画面叙事具有一定的连贯性。观众在观看遵守轴线原则的画面时，视觉流畅自如，能自如地理解拍摄者的意图。

所以，遵守轴线原则的画面，节奏平稳、和顺；而违反轴线原则的画面会产生停顿、跳跃感。由于失误而

图23，通常在造成越轴镜头时加入一个特写镜头，可以起到调整组合的作用。

造成越轴镜头，应在后期编辑时借助中性镜头、大特写、空镜头等组接技巧来弥补。在这些镜头中，特写镜头尤其是大特写镜头是一种非常好的改善手段，它可以使观众忽视已经产生越轴的画面，因此也常被摄像师称为万能镜头。

但是在某些影像创作中，我们也会因为表现某种艺术效果而故意造成越轴效果，那么以上的这些注意事项则可弃之不理。当我们使用了越轴方式来组接镜头时，画面就会造成不一样的视觉节奏，从而营造出紧张、惊险的画面气氛。比如，在某些武打片段中，当多人围住一人进行纠缠时，我们可以利用多次越轴等效果造成画面的混乱效果，从而营造出一人腹背受敌、双拳难敌四掌的境况。如果此时你仔细辨别，就会发现其实导演利用的越轴现象不仅使场景更加复杂，还为烘托紧张的剧情铺垫了情绪。

在多机拍摄的情况下，机位安排调度时也常会发生穿帮越轴的现象。穿帮通常是指某机位视频器材把其他机位摄像师或其视频器材一起带入自己的画面。一般说来，机位穿帮的画面内容与要表达的主题通常无关，摄像师在机位安排调度时应当予以注意，避免出现画面穿帮的现象。

但是在某些大型节目拍摄时，很多现场导演也会利用机位的穿帮来营造真实的现场感，尤其是在户外栏目或是大型文艺表演中常常出现，比如我们经常看到的央视春晚和各类现场演唱会等，因此也就出现了有意使用穿帮方式来组织拍摄的节目。这里必须指出，即使为了增强现场效果，导演在栏目播出时也只是适当地播出一两个片段加以点缀。可见，穿帮和越轴现象的运用一定要合情合理，切不可弄巧成拙。

思考重点:

? 1. 了解镜头语言的内涵和表达方法，并学会使用镜头来叙述事件。

2. 学会主、客观镜头的拍摄方法和技巧，以及了解两者在影像中的具体作用。

3. 能够在实践拍摄中合理运用反应镜头和空镜头进行各类影像创作。

第八章　镜头的视觉语言

此前，我们讲述了光学镜头的特性和作用。从这章开始，我们讲述镜头的另一层含义，即镜头的画面功能和意义。需要指出，这里涉及的镜头概念是我们使用影像来进行表述的最基本的语言单位。

学习视频必须要学会使用镜头来叙述，即用动态画面的方式说话，讲出完整的故事。恰如写作一样，文章中的字、词、句必须符合遣词造句的规律和手段，注重一定的语言技巧。在影像中，镜头是用来表达影像内容的结构基础。拍摄影像作品时，同样也有自己的语言规律和系统，这种视觉化的语言或是看得见的"说话"就是镜头语言。和文字相比，镜头语言具有独特的形象化优势，使之更加自然生动、形式多样。

镜头语言有多种形式，各自有其独特的表达作用和方式。镜头语言的划分归类有很多，较难形成统一的分类标准。

从视点上划分，我们可以把镜头分为客观镜头和主观镜头；从创作的作用划分，我们可以把镜头分为叙述镜头和抒情镜头。另外，划分的称谓也各有差别。人们有时候把叙述镜头又分为交代镜头、动作镜头，有时候把交代镜头称为关系镜头、主镜头、定位镜头，有时候把动作镜头细化为描写镜头、事件镜头和反应镜头，有时候把空镜头称为抒情镜头等。

上述对镜头的不同称法都是一种基于各自观点对镜头语言的归类。我们在此不做复杂的本体化深入，仅对大家共知，并且为各自所熟悉的镜头语言做一番有目的的探讨。

下面将对客观镜头、主观镜头、反应镜头和空镜头这四个常用且作共识的内容做简要介绍，并且附以实例做适当剖析。

掌握镜头语言的规律是影像创作的根本，摄像师必须牢记用镜头说话的原则。仔细体会、认真实践，这样才能真正地拍好、用好镜头语言，为创作优秀的影像作品打下基础。

8.1 客观镜头

画面内一切造型元素的组合和表现均由镜头确定。从空间位置上分析，镜头确定了视频器材在空间中的视点，从这个视点出发可以再现现实情况。镜头由此视点来表现被摄主体在空间的位置、主体与其他物体之间的联系等。从表现人物方面分析，镜头形成了与人物的对应交流和形象展示等。

图1，客观镜头是指拍摄者代替观众的角度，以客观、中立的视角去观察被摄主体。

从视频画面空间位置的视觉意义上理解，镜头代表三个不同的视点：

首先，镜头代表摄像师的视点。镜头是摄像师观察世界、表现情绪的工具，并通过镜头对观众的视线进行调度和引导；其次，镜头代表观众的视点。观众的视线随镜头而运动，摄像师必须考虑尽可能地表现观众所最期望看到的内容；最后，镜头还代表画面中人物的主观视点或者完全客观的视点。

基于以上的表述，从拍摄视点上划分，我们可以把镜头分为客观镜头和主观镜头。

（1）表现方式

客观镜头表达的是无偏见的、完全客观视点下所观察到的事物，而摄像师的视点则隐藏在客观视点之中。客观镜头应尽可能客观地叙述主体的活动和事件本身，而不加入任何拍摄者的主观意愿。

但是，事实上几乎不大可能存在纯粹客观的表现形式。诸如拍摄角度、距离、镜头焦距、景别大小、画面构图、透视效果等都影响着所表现内容的客观性，甚至画面往往还带有摄像师明显的情感倾向。所以，我们所说的客观镜头是恰似客观的观念，即带有初看上去是客观的或者看上去像是客观的印象。其实在整个电影发展中，人们使用这种似乎虚拟的客观镜头拍摄出很多影片。比如，有关莫斯科红场阅兵的纪录片，其实具有很强的政治与军事倾向，但在表现手法上则多以客观镜头为主，给观众以事实、中立的观看感受。

对于客观镜头来说，它还具有以下两个显著的方面。

第一是描述性。视频画面以其直观的可视性，具有明显的描述性特征。我们应当努力掌握影像画面形象、活泼

图2，一般来说，客观镜头的描述性是它的基本特性。图为《美丽人生》中各种客观镜头的集合。

的表现形式和镜头语言的表达方法，发挥其特有的艺术表现能力进行艺术创作。

客观镜头是摄像师借助手中的视频器材把他看到的客观现实记录下来并呈现在观众面前。这个记录不是监视器式的记录，同样这个呈现也绝非冗长地照搬，而是摄像师以自己对客观事物的解读，把他的认识渗透到拍摄的镜头中，因此镜头具有鲜明的描述作用。比如，在拍摄同一个人物时，使用不同景别

图 3，客观镜头还具有表现的特性，主要是表现镜头内主体的运动趋势和方式。

拍摄，近景与全景的镜头描述具有十分明显的差异，两者镜头语言的表达效果也各不相同。

第二是表现性。表现主体在空间中的位置和主体的运动轨迹是镜头的主要表现内容。此外，视频器材画框的运动也是摄像师表现的一种手段。正是视频器材对现实生活中运动的表现或对虚拟现实中运动的创造，使拍出的画面具有较强的吸引力。对动作的重现和创造是影像画面的主要任务，没有视频器材对运动的表现，也就没有作为独立门类的影视艺术。

画面不仅能表现物体的运动，还可以在运动中表现物体，使观众从多角度全面地获取画面信息。因此，画面对主体的描述越详尽全面，画面结构呈现越多元化，就能使画面描述的表现作用显得更突出。画面的描述性特征不仅使观众能看到所呈现的图像，而且还能使其感受到画面的情绪感，或者产生某种心理期待。摄像师应当掌握这种表现的规律，通过空间位置表现主体形象，以塑造人物并描述内心世界。

（2）拍摄要领

客观镜头应用得最为广泛。严格地说，我们拍摄的所有镜头几乎都是客观镜头，只是由于观众在观看时心理因素的主导，人为地区分出了主观和客观的差异。

这和我们本来的想法有一定距离，我们常以为镜头由人来主导拍摄，应该就是主观镜头。但是人们在对于画面理解时却常认为这是一种客观的呈现，这与人接受视觉的心理有着很大关系。非亲临现场时所看的景象，人们常会先视为客体，而后再进行主观判断。大家可以在这个描述中细心感受一下不同，继而更好地投入实拍。

所以，我们在实际拍摄中，对客观镜头要求围绕中心、突出主题，并对所要介绍的事物做多角度、全方位的观察，从不同角度、不同景别拍摄，向观众描述正在发生的事情。可以说，客观镜头是影片叙述事件时的基本手段。

在实际使用时，我们要注意各种不同客观镜头的应用。第一是介绍的客观镜头，也称为关系镜头、主镜头、定位镜头等。介绍镜头通常以全景为主。它的主要作用在于交代场景中主体

的空间位置、物体之间的关系、人物的运动方位及运动轨迹，并交代事件发生的时间、地点和环境等。

介绍镜头一般是场景段落的第一个镜头或最后一个镜头。它可以造成视觉舒缓、停顿和节奏间歇，具有抒情表意功能，也可以作为场景或剪辑中的转换镜头等。

第二是动作镜头，也称为描写镜头、事件镜头或叙事镜头。动作镜头的作用是表现人物形体、表情和运动状态，介绍人物语言及其交流和人物关系、相互间反应等。一般理解，动作镜头应当具有视觉上的可看性。通常它也是影像的主要拍摄镜头，占镜头总数的绝大多数，是叙事重点和视觉核心。

因此，动作镜头是整部影像片的结构主体。换句话说，影像片主要是靠动作镜头支撑起来的，它是影像叙述人物事件运用最广泛的表现形式。我们可以做这样类比化的理解，动作镜头就像是我们在行文中的叙述和故事描写，是我们各类文字的主体，唯有通过说清一件事情，才能通过故事表情达意、立论反驳。

8.2 主观镜头

主观镜头是影视镜头语言形式的一种特殊形式。它表现故事中人物所观察到的事物及其主观感受，以人物的眼睛为视点形成人对景物和光影所观察的画面。简单而言，主观镜头就是使用视频器材代替人眼的位置进行画面拍摄。

由于主观镜头经常在某个特定情境中展现，连续使用会让观众在欣赏时缺乏必要的逻辑联系，产生内容的误解或曲解。所以，主观镜头需要和一定数量的其他种类镜头相互穿插，才能保证叙述的有效性。

（1）表现方式

影视作品依靠镜头叙事，镜头是编导手中的素材。在叙述故事和表现情感方面，影视艺术中的主观镜头具有独特的优势。以戏剧为例，人物在台上表演，观众在台下所看到的舞台空间就是假定的客观空间，同时也是我们所说的客观镜头。戏中人物看到了什么，观众一般很难搞清楚，尤其是具体的细节等，只有靠人物道白才能向观众说明。这不免让人感觉十分别捏，在表现上也有点不够顺畅。但对于影视作品而言，只要切入一个简单

图 4，主观镜头是使观众产生一种自己作为影片内主体的视觉心理。

图 5，如图，我们似乎感到了一种被戏弄、胁迫的不适感，这是演员、拍摄角度、光线等综合因素的心理效果。

的主观镜头便可使观众一目了然。

主观镜头代表画面中人物的主观视点，画面所显示的，正是人物所看到的。观众在解读时，将人物的情绪与自己的感受自然联系在了一起。主观镜头可以用于表现人物的亲身感受，带有强烈的主观性和鲜明的主观色彩。

摄像师通过主观镜头把人物的主观印象展示给观众看，使观众同画面中的人物　同去观察、感受，产生感同身受的艺术效果，使简单的视觉感受延伸到其他触感中。主观镜头还能丰富镜头的组合样式，加强作品的表现力，有时主观镜头还能带有褒贬等作用。

因此，主观镜头是发挥影视艺术特点、彰显镜头优势的一种手段，用视频器材通过人物的眼睛把相关情景直观地展示在观众面前。主观镜头的语言效果鲜明生动，对于描述故事情节、情感具有特别的作用。主观镜头可以产生很强的说服力。相比客观镜头来说，它的观点性更强，所以有时候也要谨慎地使用。

在实际运用时，以主体人物的视点来观察周围事物时，视频器材必须以画面中人物的位置为视点拍摄，视频器材镜头就替代了主体人物的眼睛。主观镜头要与画面内容联系，起到推动情节发展的作用。主观镜头有时可表现画面中人物在特殊情况下的精神状态，如视线模糊、摇摆不定或人物的想象或幻觉等。摄像师应当懂得合理地拍摄一些主观镜头，更重要的是要学会发现并设计作为主观镜头的拍摄内容。

主观镜头应用广泛，几乎在任何一部影像片中都可看到，大家应注意欣赏并借鉴，不妨也主动尝试一番。主观镜头是借眼睛说事，实质是用视点来论述观点，借看点来表述自己的倾向。

（2）拍摄要领

下面我们通过各种形式，对主观镜头的具体拍摄做一个简单的介绍，希望以此抛砖引玉，启发大家来使用主观镜头。因为主观镜头的表现方式有多种，所以应根据故事情节恰当地进行设计。这绝不是形式上单纯的技术活，而重在内容上的需要，既要符合人物情节本身，又要满足作者叙述的要求，还要合乎观众解读的逻辑思维方式。

第一，如何使用人物与主观镜头结合的画面。通常情况下，主观镜头与人物镜头或前或后

图 6，将人物的身体与镜头画面结合是比较简单体现出主观镜头的方法之一。

相继出现，组合起来叙述事件，这是最普遍的表现方式。这种表现方式最明显的好处在于，来龙去脉交代得很清楚，叙述情节有条有理，观众看得十分明了。

第二，如何使用长镜头表达主观镜头。

贾樟柯的作品《小武》在结尾处有一个长约 2 分钟左右的长镜头，颇受人们关注。这里无意探讨这个镜头的思想内涵，仅试图分析这样的表现方式。有时候镜头未必非得切换，可以从人物直接摇摄到其所见事物，这样顺理成章地也成为一种主观镜头。

小武被铐在电线杆上，围观的人渐渐聚拢过来，小武一脸沮丧、手足无措地挠头遮挡。他瞟了一眼四周，坐立不安，然后蹲下。镜头摇向围观人群，仰摄。人们交头接耳、指指点点、悄声议论，不时有人加入来看热闹。叠化画面进入黑场，现场议论声依稀可闻，影片趋于结束。

此处，当小武蹲下仰望众人时，就呈现出了一个典型的主观镜头。这个主观镜头用来表达小武的委屈、无辜、难过、羞赧等诸多复杂的感情。其实这种方式在平时的电视外景栏目中也会经常使用。比如，在美食栏目中，主持人夸赞某个食物，摄像师顺势移到她的视点上观察食物，就立刻成为一个主观镜头。

第三，如何单纯地使用好主观镜头。由于真实人物镜头拍起来比较麻烦，或者人物本身难以再现，甚至不可能重现，而用主观镜头则方便自如，特别是摄制某些专题类影片时经常遇到，这时不妨索性省略人物镜头，单用主观镜头来表现。比如，央视的著名栏目《焦点访谈》介绍清明节的传统文化内涵，邀请著名作家冯骥才先生讲述清明寒食的来历。

当他说到清明起源于介子推不愿当官，背起老母逃往深山时，此时电视上出现的就是一个主观镜头：晃晃悠悠、移动着的山间小道和画面，拍摄者模仿人物边跑边拍。

图 7，使用一定的长镜头也可以适当表达人物的主观情绪，比如《小武》中的结尾段落。

此时这个镜头完全可达到虚拟人物的目的，满足叙事的要求。试想这里若要拍人物镜头，还要找演员扮演古人，显然也是没这个必要。况且由演员表演作情景再现，在此类较为严肃的节目中分明又是不合适的。诸如此类的镜头平时所见还有很多，比如央视的各类大型纪录片中会常常使用，比如《故宫》《徽商》等。

第四，如何使用主观镜头制造悬念。有些更为特别的例子会使用主观镜头。由于剧情推进的需要，编导刻意要隐去某些人物，避免其面部形象出现在画面上，又要点明其所作所为，于是会用主观镜头取而代之，目的是用以制造悬念，比如国人耳熟能详的著名推理侦探片《尼罗河上的惨案》就运用过这种手法。

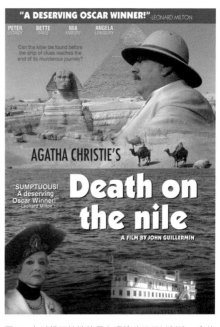

图 8，有时候巧妙地使用主观镜头还可以制造一定的悬念。图为电影《尼罗河上的惨案》中的画面。

某个神庙遗址，一派神秘肃穆的气氛，影片中的人物在此游览；摇晃着的登高通道，脚步声、喘息声，此时为主观镜头；游客们三三两两结伴同行，在神像石柱周围参观瞻仰。一块大石正被人推动，人物用力的声音，此时为主观镜头；沉重的大石块由高处急速坠落，轰然着地，险些砸中故事的主人公。

那么观众不禁要问，这究竟是谁干的。导演于此时不声不响悄悄地设下了悬疑，人们自然而然地纷纷猜测，这个人大概是谁谁谁，从而增加了剧情的紧张，让人积蓄了观看的兴趣。于是，影片引领观众带着疑问继续进行下去。

8.3 反应镜头

反应镜头是影视镜头语言的一种形式。顾名思义，反应镜头指表现人物对某事件、某动作、某表情等做出的一系列相应反馈的过程。从本质上看，它属于叙事镜头之列。

（1）表现方式

反应镜头是由于叙事的需要，为多方位丰富情节，展示人物内心活动并强调所显现的行为状态，从而对叙事镜头进行细化的产物。反应镜头表现相应人物的眼神特征或肢体动作以及相关细节等，它与叙述的事件镜头相互呼应，达成内在联系。

反应镜头通过画面中人物的外在表现来反映人物的内心活动和情绪，同时反应镜头必须与所叙述的情节紧密联系。在中央电视台的奥运宣传片《让世界记住我们的掌声》中，设计了多种鼓掌并交代了这些反应缘由，我们把它们一一对应排列，采用集合式的编辑方法组合、编排，

图 9，反应镜头表达的是人物对某个动作的反应表情，并流露出强烈的情绪变化。

最后做概括性的总结。

镜头 A：运动员在赛场跑步，此为事件镜头；镜头 B：观众在看台鼓掌加油，此为反应镜头；镜头 C：小宝宝蹒跚学步，此为事件镜头；镜头 D：妈妈拍手鼓励，此为反应镜头；镜头 E：爷爷奶奶拍手叫好，此为反应镜头；镜头 F：某人上台领奖，此为事件镜头；镜头 G：朋友们真诚喜悦的目光，热情鼓掌祝贺，此为反应镜头；镜头 H：全体来宾报以长时间热烈的掌声，此为反应镜头；镜头 I：手的特写，叠显宣传语"让世界记住我们的掌声"，此为概括总结。

（2）拍摄要领

一般说来，反应镜头需要与事件镜头并举运用，通常两者或前或后相继出现。就某情节片段而言，反应镜头说的是结果，那么凡事皆应有其原因，于是它与事件镜头相互关联构成"因为和所以关系"或者"之所以和是因为的关系"句型的语法关系，较为合乎人们惯常的逻辑思维方式。

比如，足球场上前锋射门，球擦立柱而出，球迷们扼腕叹息的表情动作和感叹声；某人讲述着凄婉的故事，听者感动得潸然泪下，诸如此类，既有因又有果，来龙去脉明白交代，前呼后应，顺理成章。这是我们常见的，也是常用的反应镜头。

在影视作品中巧妙地设计和运用反应镜头对推动故事情节发展、抒发人物情感、烘托环境氛围，乃至升华作品主题具有无可替代的重要作用。

某些构思精妙的反应镜头往往别开生面，令人耳目一新，欣赏并学习借鉴其艺术效果，可获得创作启示。以下我们做简单的两个示例：

第一个是意大利影片《天堂电影院》。故事讲述西西里岛上某小镇天堂电影院的老放映员同一个八九岁的孩子之间的一段感人故事，反映电影与人的关系，怀念电影给人们精神生活带来的影响。这部影片曾获当年奥斯卡最佳外语片奖，本文仅就片中巧妙运用的反应镜头

图 10，反应镜头一般表示两组镜头间的因果关系。如图，演员受到了电影内容的影响，开怀大笑。

做简要介绍。

童年就与电影结下不解之缘的多多，自青年时期离开家乡去了罗马。如今年近半百的他已成为国际电影界知名的大导演，其间却从未回到过家乡。阔别 30 年后，当他重又踏上故乡的土地，唤起了心中儿时的记忆。此时，在家中的那位

图 11，各类广告中会大量使用反应镜头，以此来模拟用户的使用感受。

日夜思念儿子的年迈母亲将有何反应，会有怎样的激动表情呢？

影片中有这样一组反应镜头。近景，老人的双手正在编织毛衣，突然停止不动，她好像预感到了什么东西；特写，母亲，侧过脸专注地看着主人公，轻轻地说"是多多，我知道一定是他"；全景，母亲随即放下手中编织的毛衣，从沙发上起身，匆匆地向镜头外走去；近景，一根编织毛线的钢针在沙发边落下，锵然有声，弹跳了几下之后立刻停住了；特写，沙发上，编织的毛衣因毛线拉扯而被拆开；一个摇摄镜头，窗外，一辆出租车正在掉头驶去；镜头落幅，小院门口，母子俩紧紧相拥，画面鸦雀无声。

这一组镜头全部依靠人物反应的动作状态，以及事物相关的细节，巧妙展现了人物的内心情感；同时没有动用任何音响，一切尽在不言中。毋庸置疑的是，这组反应镜头给观众留下了不可磨灭的印象。

第二个是由陈凯歌执导、张艺谋摄影的获奖影片《黄土地》。这部影片也有一个反应镜头催人泪下。清秀纯朴的翠巧是大西北山区的贫苦农家女，生计无着的父亲迫不得已让媒婆给她找了户人家。那是个什么人家？那人长啥模样？翠巧从来没见过。他有多大岁数？翠巧也不知道。观众只见影片画面上，老实巴交的老汉正在无奈而又凄楚地劝慰着他的孩子："岁数大些好。""十四岁提亲，十五岁嫁"，一到日子，女孩就被接亲的花轿抬走了。

全景，洞房，翠巧罩着红盖头独坐炕上；响起房门被推开的吱呀声，关门声，脚步声；特写，炕上，罩着红盖头的翠巧，一动不动；一只乌黑粗糙的手伸进画面，伸向翠巧的红盖头，停住，抓起，掀开；露出低着头的翠巧，头微微抬起，怯生生地看了一眼，即是画外的新郎；翠巧的眼神瞬间由呆滞变成恐惧，身子下意识地慢慢往后退缩；翠巧，惊恐慌乱的鼻息声，喘气声，短促、颤抖。

影片中并未出现那个岁数大些的新郎具体的面部形象，给观众看的仅仅是他的局部，即那只乌黑粗糙的手。他到底长啥模样？他究竟多大年纪？影片始终没明确交代。但是在我们眼前着力强调的却是那刻骨铭心的镜头，翠巧看到了那个新郎之后的反应。画面中那个局部，随着翠巧惊惶的表现，促使观众由此展开联想去对它做出补充。

我们审视这个反应镜头，虽说它没有语言，却蕴涵着可怜的孩子对命运的呐喊。影片镜头通过这样的正反对打，从而引发了观众的参与和极强的心理怜悯感。

图 12，通常空镜头具有一定的视觉修辞功能，比如早期电影中对松树的拍摄，暗含人物具有松树般坚毅的品质。

图 13，空镜头还具有一定的描述功能，比如《庐山恋》中很多山的镜头，具有很强的抒情性。

8.4 空镜头

空镜头具有特定的画面功能，是影视语言的一种表现形式，也是一种应用较为广泛的镜头。空镜头有着很强的艺术魅力，如果巧妙运用空镜头，可以产生精彩的视觉语言，起到内容不空、寓意丰富的作用。

在早期电影中，凡有英烈牺牲，往往其后便会出现高耸入云的松柏；当出现蓝天白云、阳光明媚时，故事将进入舒缓的部分；当一群天真烂漫的孩子出现，稍后的镜头常有鲜花绽放等画面……上述镜头中出现的松柏、白云、花朵等就是我们所说的空镜头。

空镜头一般指没有主体人物的镜头，通常是风景或某个物体，多为全景或特写。空镜头与故事情节相关，或者与具体细节存在着某种相似和相近性，而且和作品主题有着一定的内在联系。我们理解这两种物体有着对比或补充的含义。在后期剪辑中，空镜头的运用能够帮助导演引导观众，有着较强的内在目的和功能。

（1）表现方式

空镜头有着以下一些典型的视觉功能。

第一是修辞功能。空镜头具有类似于文字写作的修辞方式。从修辞格来分析，构思精巧并运用合理的空镜头可以起到比喻、暗示、强调等各种修辞作用，具有非同寻常的艺术表现力。

也正因如此，在早期的蒙太奇剪辑中，苏联导演们创造性地运用了这种典型形式，如著名的奥德赛阶梯。通常我们还用交通信号灯这类空镜头来暗示所叙述事件的中止，用滴水的龙头、日记本、日历、四季花草等空镜头象征时光的流逝，等等。

第二是描述功能。空镜头常用于烘托气氛、抒发情感、创造意境，具有明显的抒情功能。它可以拓展无限的想象空间，从而使作品主题升华，也有人称它为抒情镜头。比如，《庐山恋》中有很多拍摄庐山的空镜头画面，这些画面与主人公的心理相结合，有着很强的抒情功能。

第三是调节功能。空镜头在视觉上形成画面之间的隔断，因而具有调整叙事结构、情绪基调和调节观众视觉感受之功能。它常被用作越轴镜头或其他不合常规镜头的过渡组接，也可用于段落之间的转场。如此看来，每次拍摄中增添几个无人的空镜头其实也是一种保险的办法，它可以利于在后期中对影片的补救或过渡等。

图14，我们使用空镜头时可以采用硬接、叠显等组接形式。通常我们将花朵这样的空镜头比喻成少女或含有美丽等意思。

（2）拍摄要领

对于空镜头来说，它在拍摄时要注意一些关键之处。

第一是表现形式。从表现形式来看，具体运用空镜头可以采取的方式一般有：硬接，用空镜头与叙事镜头切换组接；软接，用空镜头与叙事镜头叠化，也称为交叉溶解组接；反复切换，也可多次反复相互交替切换以示强调或省略；叠显，有时为了内容表达的需要，还可采用叠显两层画面的形式来表现。

第二是创作理念。从创作理念上说，空镜头运用成功的要领在于：巧妙、合理。关键是画面的设计，需要精心策划。这就要求摄像师对作品主题能

图15，有时候我们把没有主体或是人物不突出的全景镜头称为印象镜头，用来和空镜头相互区别。

有一个比较全面的整体把握，并具有驾驭影视语言的综合能力。设计新颖的空镜头，能产生不同凡响的艺术感染力，同时也可以在这些运用中体现出作者的智慧和视觉修养。由于大量接触影片，我们在形式上比较抗拒过去那种英雄和松柏式的组合，由于很多导演的滥用，使得这个本来有新意的空镜头经常为人诟病。

需要说明的是，还有一种观点是把虽无主体人物但有其他人物的全景镜头，从空镜头范畴中单独划分出来，称为印象镜头。这样一来，印象镜头与空镜头的区别就十分明显，其根本的不同就在于画面中有人或没人。空镜头由于其特有的语言修辞性功能，因而特别受到影视片的青睐。

本章我们所介绍的几种镜头语言，只不过是对它所做的人为划分。由于划分方法及划分标准不同，可以得出多种结果。各种镜头语言形式并不是各自孤立的，它们之间往往相互交叉，很难做到某种绝对的独立。所以我们对镜头语言的掌握和运用应当从宏观上做一个全面的囊括。

镜头语言是灵活的，镜头语言也是有生命的，在拍摄者手中它是可以随意穿插的素材。只要素材应用合理得当、搭配前后有序，就能制作出令人满意的作品来。

思考重点：

? 1.学会如何切换镜头并能灵活掌握切换镜头的方法和技巧。

2.理解蒙太奇原理，能在前、后期制作中综合运用各种蒙太奇手段。

3.学会掌握剪辑中的节奏并能通过节奏，来控制视频的整体效果。

第九章　后期剪辑与制作

后期制作是对所拍摄素材的凝练和重新安排，并将之处理成有先后视觉关系，并具有一定观赏性的艺术作品。其中最重要的就是对两组或多组镜头进行组接。这里的镜头组接指的是对现场拍摄镜头切换后所做的连接技巧。它不仅注重画面的语言表达，而且需要理解镜头组接的逻辑关系、蒙太奇理论，以及其他影像艺术的视觉规律，此外还需要和一定的社会、文化、历史、政治、心理、传统等因素相配合，是整个影视制作中的集大成者。

后期制作与剪辑是对各类创作者综合能力和艺术水平的考验，也是对编导、拍摄者、后期制作者等团队成员在技术、文化、修养和思想上的综合考量。

9.1 剪辑概述

视频影像通过屏幕来展示画面，观众则是通过若干个镜头的连接来理解编导和拍摄者的意图、想法、观点等。屏幕规定了观看的范围和先后顺序，带有某种限制性和强制性。有时候，人们需要在无意中被迫地接受镜头所传达的信息。

按编导的意图用多个镜头组合起来表达特定的内容，是视频拍摄有别于摄影的特征之一。它不同于照片的镜头语言，照片一般以单幅画面反映内容，影像则以镜头的前后排列来反映内容，并在前后排列中产生新含义。

比如两组镜头：第一是一个可爱的少女；第二是一朵美丽的小花。我们先后看这两张照片，会认为两者各自独立，在一般情形下不会将两者联系起来。而影像则不然，当我们依次看到这两个镜头时，也许有以下理解：一、若少女在前，花朵在后，会产生少女如花似玉的含义；二、若花朵在前，少女在后，则会产生送花给少女或少女喜欢花朵的含义等。

图 1，剪辑最初就是对拍摄的电影胶片进行剪切和编辑的过程。

　　这便是镜头语言中的一个显著特点，也是我们剪辑时的理论支撑。由于画面组接会形成不同的视觉逻辑和含义变化，因此剪辑产生了精彩纷呈的影像作品。

（1）剪辑的步骤

　　画面剪辑基于切分镜头开始。没有切分好的镜头自然就谈不上组接镜头画面。只要拍摄两个以上镜头，我们就可以进行一定的组接工作。有些人会下意识介入，而有些人则会有意识参与。这个区别很简单，即经过前期思考后的组接是有意识的拍摄和剪辑，若事前无准备或准备不足则只能想当然地进行拍摄。

　　实际上在整个影片制作过程中，有两个时期会进行画面组接。第一个时期在拍摄过程中，现场镜头的切换实质上就是画面的初步剪辑；第二个时期在拍摄后期，就是我们熟悉的剪辑。对于画面剪辑而言，这两个时期都十分重要。

　　在后期进行的组接工作通常称后期编辑或后期剪辑。一般后期剪辑由编导和后期技术人员共同完成，同样，摄像师也应参与到该片的后期编辑中。如果摄像师能自己操作编辑设备和相关软件，就能制作出更好的影像作品，同时也能从后期的宏观角度上提升对拍摄的新认识。当然，对于专职拍摄的摄像师来说，一些特殊的影像效果仍需借助专门的技术人员才能更好地完成，比如一些电脑特效、全片调色、音乐效果等。

　　①现场编辑

　　摄像师在拍摄过程中进行镜头组接，不仅是重要一环，而且具有一定的难度，只有了解后期的高水平摄像师才能运用自如。若摄像师立足于不做后期编辑，则在拍摄现场就要考虑到镜头的组接，把拍摄本身作为编辑过程。后期编辑工作前移到第一时间在拍摄时完成，有人称此为现场编辑法或实时编辑法，也叫无编辑拍摄法。

　　这是一种融入编辑要求的拍摄技法，或许有人认为这是一种难度较高的视频拍摄技术。若要做到拍摄现场镜头组接恰到好处，显然有相当难度，也绝非轻而易举的事。比如，早期和成熟期的很多电影作品其实就是拍好即成的影片，但是这有着电影的特殊性，电影导演不仅要精心筹划几年，同时还要请动画师绘制分镜头画本，其道理与拍摄现场一致，因此可以一气呵成也就不足为怪了。

图2，现场剪辑往往考验编导实时处理情况的能力和经验。

　　事实上，在普通拍摄时，往往限于现场条件、时间紧迫，乃至创作意图等原因，镜头难以完全称心如意，因而素材片不可能十全十美。但如果能做到原始素材看起来就大致顺畅，镜头内容规范连贯，也就是基本合格的画面了。

　　②后期编辑

　　当我们拍摄好进行后期剪辑时，

我们可以一遍遍地观看画面，反复推敲斟酌，通过深思熟虑后确定镜头的长短、删留以及做必要的特技处理等。这样一来，看上去给先期拍摄减少了不少压力，但其实反过来对摄像师在现场拍摄提出了很多苛刻的要求。初学者常常会在后期制作时有后悔少拍了一点或是错过了一点的感慨，这其实和前期拍摄的优劣、多

图3，电影制作有详细的剧本和画本底稿。在现场拍摄时，摄像师按照故事板的预先构想依次完成各类分镜头，最后剪辑时即可一气呵成。

少有着十分密切的关系。一般说来，摄像师只需确保镜头的到位，同时做到有片段和时机恰当就算是初步合格，如再考虑拍摄现场的顺序安排则会更佳。

后期编辑属于二度创作。有人说有些片子是靠剪出来的，这话虽然有些夸张，从特定角度来看自然也有其道理，它强调了编辑工作在整部影片制作中的重要性。但这并非意味着摄像师可以不必懂得编辑的理念，如果不明白或不考虑到镜头剪辑的要求，拍摄的本领也不过硬的话，那么即使到了后期，恐怕也无济于事。

初学视频很难通过无编辑拍摄法一步到位。只有到后期才可能有充裕的时间让我们潜心构思来完成艺术加工。这就充分彰显出后期剪辑的必要性，只有通过一定的后期剪辑，才能使影像作品更加完美，也只有通过后期，我们才能将作品更趋于完美。

（2）后期编辑方式

后期编辑方式分为两大类，线性编辑和非线性编辑。

①线性编辑

线性编辑，也叫对编，是从模拟时代一直沿用至今的一种办法，也是传统的编辑手法。这种编辑方式，就是把前期拍摄的影像内容按编排的要求由放像机转录到录像机中去。具体做法是先对放像机磁带中的画面做出选择、剪辑、处理，然后依次排列在录像机的磁带上。

线性编辑有组合编辑和插入编辑两种形式。

组合编辑时，录像带上视频、音频，包括控制信号等所有内容，全部重新录制，原有信息完全被清除。

插入编辑分为视频插入和音频复制两种。视频插入（Video Insert）是以新的视频画面取代原有的视频，而保留其音频及控制信号的方法；音频复制（Audio Dub）是保留原来的视频及

图4，线性剪辑指根据视频内容的要求将素材连接成新的连续画面的技术。
图为早期线性编辑器材。

图5，图为现代非编软件的电脑界面，各种操作一目了然。

控制信号，而改变其音频的方法。

线性编辑的排列顺序是线性的。当排列结果完成以后，不能对所安排的镜头做删除或增添，只能等量或同等时间长度的替换，也不能更改排列顺序，因而对编方式有较大局限性，有诸多不便。况且它通过磁带转换，凡经过一次编辑信号必定有损失，一般认为信号损失约20%；图像质量、清晰度、色彩等也会变得更差一些。目前，这一方式正在逐渐淘汰中，同时一般也只有专业机构才会购入线性编辑器材，因此普及和使用率并不太高。

②非线性编辑

非线性编辑，简称非编，是20世纪末随计算机技术发展而出现的一种全新技术。它是电视与电脑相结合的产物，也是电视数字化最显著的标志之一。现在的后期编辑基本上都采用非编技术。

非线性编辑系统采用数字压缩技术把视音频信号存于电脑硬盘内，由电脑读取其中任意一帧画面，并对它做出处理。非编的处理方式是：把摄制的原始素材采集（模拟信号进行模/数转换）输入电脑，然后用编辑软件在电脑中进行选择、剪辑、修改、复制、移动，并根据需要做出排列组合和相应的各类特效。这种排列是虚拟的、非实时的，我们可以对它任意增、删、换、改，不会造成图像质量的下降。

如今，非编系统不仅小型化，而且功能也更加齐全，集录、编、音、字、图等多种设备于一台计算机中。新型编辑软件品种繁多，各种特技处理形式更是花样百出。只要借助软件操作加上一定的预期设想，画面可以随意按需处理，也完全可以随心所欲进行发挥。比如，在各类卫视宣传片中，我们常可以见到各种对电视台标志的动态演示，这就是后期软件制作的效果。

如今的新型视频器材改用光盘、硬盘或存储卡作为记录载体，甚至连录像磁带也舍弃不用，表明数字化的又一次跨越。视音频数据可以在连接电脑后直接进行处理，省去了素材内容由录像带一边播放一边往电脑中采集的环节，既节省时间，又保证质量。它避免了因磁带物理原因而引出的麻烦,诸如磁带损伤、拉毛或旧磁带本身图像质量下降等因素,导致画面效果受到影响。新型记录载体能够确保拍摄图像的品质保障,但我们要在使用时注意数据的保存和复制,严禁对未曾备份的文件进行后期操作。

图 6。专业的非编系统可以使后期制作更加高效、便捷。

非编相对于传统的对编,它最大的优势在于镜头的排列组合是非线性的,完全摆脱对编排的限制。传统对编若要在原有排列中删除某镜头,必须补入相等时间长度的镜头,若要添加某镜头,必定覆盖相同时长的镜头,添加实际上便成了替换。而非编则可任意删除或增添,原有的排列顺序会自动做相应调整:或向前靠拢,或往后顺延。

非编给我们引进层的概念,编辑软件界面有多条视频轨,一般允许有 99 条,事实上用不到那么多;同时还带来了时间线、关键帧和不透明度等相关理念。在这些理念指导下,随着时间线的流动,非编可以显现多层视频图像效果。

9.2 镜头组接

镜头组接指的是从摄录开始到停录结束内,视频器材不间断记录的声音、光线、色彩、人、物及其运动等内容。通俗地说,镜头组接就是视频器材在某一时间段内连续拍摄的所有画面。一个完整的镜头会涉及诸多要素,这些要素的组合和切换是镜头赖以连接的基础。

任何一段有相当长度的画面都必须经过切换镜头才能最终结合成影像内容,所以镜头切换就成为拍摄时的重点。镜头切换是指摄像师在现场对拍摄内容所做的中止,并形成一个个独立分镜头的技法。它从本质上来说包含两层含义:一是时间线索上对某个镜头的截断,二是空间范围内对某个场景的分割。两者相互依存且紧密相连,我们在考虑组合与切换时常将两者视为一个综合体。正如常识所知,时间的分割势必造成空间的阻隔,反之亦然。

以下我们将分别提取时间、空间、声音三个重要元素,就其与镜头切换和组接之间的关系加以详述。这三者既是前期拍摄时的基础,又是在现场需要时刻关注的要点,更是后期制作中需要充分利用的素材。三者可以相互平衡,也可以只取一项,完全取决于拍摄者和编导人员的用意。

(1)基本原则

镜头是影像语言的元素,是组成影片的基本单位。在影像创作中,一切活动都是以镜头为核心,每一个画面都是镜头表现的外在形态。摄像师按自己的意图和理解对拍摄对象做出取舍,并以本人对艺术的理解进行创作,最终实施完成全部内容。

图 7，早期的中国电影由于胶片稀缺，拍摄时完全依靠镜头的切分来组接镜头，堪称拍摄中的经典。

（2）表现方式

镜头切换大致有四个基本要求。

首先，镜头会将现场拍摄中反映主题的重要场景、人物，必须完全记录下来。有些镜头场景稍纵即逝，且无法再现，所以需要尽可能带足电池和存储卡等附件，适当地多拍一些保证拍摄的数量；其次，镜头不仅要确保拍到，而且要画面规范，符合表达的需要，精美到位；再次，这些到位的镜头，需要不同角度、不同景别，还应当有足够多的数量；最后，在拍摄之前，摄像师对即将拍摄的一个又一个分镜头要有初步的先后顺序筹划，头脑中要有排列这些分镜头的思路，使原始记录素材在进入电脑之前就符合粗剪的基本要求。

简而言之，切换镜头的要求可以用四个字来概括，即有、优、足、顺。需要特别注意，分镜头要求摄像师尽可能在拍摄时完成，至少应具有初步可供后期制作的理念，这样完成的拍摄可以提高后期制作的效率，保证影像的整体质量。

一般来说，后期编辑只能做到删繁就简、去芜存菁。只有原始素材拍得到位，才有可能让你如愿以偿；假如先天不足，最多也不过改头换面而已；若是无米之炊，就更别指望无中生有了，即使你使出浑身解数，恐怕也无济于事。

况且，后期编辑虽说可以在时间上切断镜头，但是却很难改变画面的景别构图，假如拍的时候不假思索，乱拍一气，完全依仗后期去折腾，估计也无法成就一部好片。

因此有必要再次重申：必须注重拍摄这一环节，在现场用心切分和组接镜头，做到实时整理、一步到位，这才是一个摄像师综合技艺水平的体现。如果所拍的原始素材能初步符合要求，那么后期编辑不仅省时省事，而且还能在此基础上精雕细刻，使作品更加锦上添花。

①镜头分割

镜头的终止意味着一个镜头的切断。摄像师通过摁动摄录钮完成记录和停止，这反映了摄像师对当前画面镜头的理解和运用能力，同时还展现了摄像师对于已拍镜头和未拍镜头的审视能力与预测能力。所以，当我们中断

图 8，合理地终止镜头是初学者学习拍摄的难点，其要点是如何把握拍摄的重点内容。图为电影《狂怒》中的画面。

一个镜头拍摄时，它的结果与意义已经远远超过了停止镜头行为的本身。

· 操作要领

分割镜头拍摄的基本要领可以概括为：一切、三换、五要求。"一切"指的是镜头要停止并中断，"三换"指的是换被摄对象、换拍摄机位（拍摄距离、方向、高度）和换画面景别，"五要求"指的是稳、平、实、美、匀这五个基本守则。

其中第一条就是要懂得适时切断镜头，不会切断，自然也就谈不上后面的三换，这也许是反映摄影师会不会拍的明显标志。或者我们是否可以这样说，会拍不会拍、善拍不善拍，首先就在于把握镜头的切断是不是恰到好处。

在实践中，初学视频拍摄者常犯的毛病是镜头太长，这种现象十分普遍。他们对镜头长度把握不了，优柔寡断，不知该在何时切断；也可能以为长或许比短好，因而不能果断地终止，这些都是在初学视频拍摄者中存在的常见误区。

镜头一长，就显得十分拖沓，造成观众视觉疲劳，令其几乎昏昏欲睡。在拍摄现场能把握时间长度是摄像师最基本而又重要的能力。

· 拍摄技巧

一个镜头该拍摄多长时间才算标准？如果镜头太短看不清，看得不过瘾；太长嫌拖沓，招人厌倦。一般说来，我们可根据下列因素来确定时间是否得当：第一是根据拍摄内容的表达需要来确定镜头长度；第二是看是否为重要的动作或场景，重要部分镜头长，而次要部分则短些。

事物内容有主次之别，主要的内容应当突出，出现次数多并辅以小景别镜头。但是，如果只拍主要内容，所有镜头全部都是主体，陪体一个镜头也不给，那也不行。

下面我们介绍若干在实践拍摄时镜头时间长短参考，供拍摄者借鉴。

主体长，陪体短：一般说来，拍人可长，拍物可短，为烘托情绪的镜头可长，根据观众的需要和情绪来确定镜头长度：观众想看的长，反之则短；令人费解的内容可长，一看就懂的可短。

根据镜头包含信息量的多少来确定镜头长度：信息量多的镜头时间长，反之则短。

根据拍摄内容的变化情况来确定镜头长度：现场情景可能发生变化的，镜头可长；变化不大的，镜头应短。

根据画面人物语言或伴音来确定镜头长度：人物语言重要的，镜头可长；无须留语言的，镜头可短。

图9，太长的镜头容易造成拍摄内容的冗长，最后会引起观众的视觉疲劳。图为电影《珍珠港》中的画面。

根据景别大小来确定镜头长度：大景别镜头应稍长，特写镜头要短。

根据作品题材体例和创作要求来确定镜头长度：风光题材、抒情类作品镜头可长，广告宣传类作品镜头可短。

根据后期编辑的需要来确定镜头长度：要做后期编辑的，镜头可长；不编的，镜头应短。

· 实践运用

我们在拍摄前应仔细观察、认真思考，心中明确要拍什么、怎么拍、拍多长时间，然后才按摄录钮拍摄，决不草率行事。所拍摄的内容前后情节变化不大的，无须长时间完整地记录整个过程，用几个镜头不同景别不同角度交代即可。

突发事件或意想不到的精彩情景，可能千载难逢，十分重要，摄像师最好要具有灵敏的预见能力，有一定的提前量进行拍摄，并用长镜头完整地表现全过程。摄像师要边拍摄边留心听人物的语言和其他现场声，尽可能让人把话说完，至少要保证一段话或一句话完整。

初学视频拍摄者也有标准可执行，即一个镜头通常应掌握在十秒以内为宜。随着其视频拍摄技艺水平的提高，镜头应该逐渐更短一些。一般说来，短镜头比长镜头难拍，一条片子总的镜头数量多，而单个镜头时间短，画面丰富，经常变化才有看头，这是影像成功的秘诀。

遇见真正有想法的长镜头，其中包含许多镜头内部蒙太奇的转场方式，需得精心构思并且工于拍摄技巧。各种电影是我们学习这类技巧的优秀范例，大家可以多看大师佳作，以期获得不一样的视觉经验。

图 10，时长的多少依拍摄的内容和主次来决定。图为电影《变形金刚》中的画面。

②镜头终止

初学者经常出现这样的情况，一进入拍摄状态，就大量使用全景；要不就镜头上下左右摇摄，把所有的人、景、物一个不漏，连续不断地扫摄进去。回放一遍影像，的确画面上事无巨细，所有都包含在内。虽说尽收眼底，却让人看过即忘，这样的现象几乎成了初学者的一个通病。那么镜头分割应当怎样把握，才能做到适宜呢？

· 操作要领

艺术辩证法告诉我们，一切全交代齐可能等于什么都没描述。因此在影视节目中，导演为了表达内容主次，也为了使画面丰富多彩，往往把情节分解开来，写出分镜头剧本，化整为零。这样以多个分镜头的组合，使观众形成整体印象。

譬如，我们要拍摄世界名画《蒙娜丽莎》，不仅要拍整幅画的全景，而且还要拍它最富美感的局部，如那安详而迷人的微笑，还有那优美雅致的手等。这种以积累局部来反映整体的表现手法，相对于只用单幅全景画面而言，无疑会增强感染力。

· 拍摄技巧

视频拍摄者进入拍摄现场，心中必须有一根弦，或者说有一个清晰明确的创作思路。头脑里要有切分镜头的意识，要围绕主题，突出重点，分轻重缓急地拍摄，把整体内容通过分镜头组合起来表现，这是对视频拍摄者能力的检验。切分的镜头会说话，它反映了你的想法、情趣和智慧。

图 11，摄像师在现场拍摄中也要有一定的预见能力。很多时候，当我们停下视频器材时，常常会有一个更好的镜头出现。图为电影《达芬奇密码》中的画面。

镜头分割不仅仅是一种技法，更侧重于艺术，是用镜头写文章表达主题的艺术。这要求摄像师不仅要有创作的想法，还要思路清晰、反应敏捷。

· 实践运用

那么怎么分割镜头呢？这又要回到前面所述的镜头切断和视频要领"一切，三换，五要求"。"切断"与"分割"休戚相关。镜头切断的目的是什么？分镜头拍摄的方法如何？等等。如果我们不懂切断，显然就不能理解分镜头。须知影像片是由镜头分割、切断、再分割、再切断，借助组接，最后完成作品内容表述的。

掌握镜头切分的具体技法要领在于切断镜头后做出三换：换被摄对象、换拍摄机位和换画面景别。

首先，最好在镜头切断以后就换一个被摄对象，改变一下拍摄的具体内容。例如，亲人聚会可以先拍多人，再拍其中正在亲切交谈的两位，然后逐个拍他们。又如，甲乙两人下棋，先拍全景，而后分别拍甲乙的近景表情，还可以拍棋盘和手拿棋子的特写。

其次，还要注意换拍摄机位，不同的对象应以不同的拍摄距离（远、中或近）、不同的方向（正面、侧面或背面）、不同的高度（平视、俯视或仰视）去表现。

最后，千万不要忘记换景别。就景别而言，反映场面，交代环境一般可用全景；重要而精彩的部分宜用中景、近景等较小景别；最应强调的应当用近景或特写。

一般来说，主体的景别较小，陪体的景别较大；全景表现总体场面，较小景别反映其中某些精彩部分。何谓重要部分，应视拍摄内容而定，以围绕中心突出主题为把握的依据，观众最想看到的部分应当重点表现。

理解作品思想内涵，利用合理巧妙的镜头语言来切分镜头是最重要的环节。分镜头可拍摄画面中人物的局部，表现动作细节或表情特征，可以作为客观镜头；分镜头可拍摄画面中人物的主观感受的画面，可以作为主观镜头；分镜头可拍摄画面中人物的反应的画面，可以作为反

图12，拍摄者在进入现场前需有一个清晰的思路，否则很容易造成临场的手忙脚乱。图为电影《纳尼亚传奇》中的画面。

应镜头；分镜头可拍摄画面中没有人物的画面，可以作为空镜头；分镜头可拍摄画面中物体的局部，表现其细部特征；等等。

摄像师在拍摄时就应当充分考虑到后期编辑的组接问题，对同一主体拍摄大量的不同机位、景别的镜头。此外，主要人物镜头时间长而且出现的频率高，以及用光方法、主体用光、画面美等都是安排分镜头所需要考虑的因素。对多个相关物体拍摄，摄像师应注意轴线关系，尽可能避免越轴；还要多拍一些空镜头、印象镜头和特写镜头，以备后期编辑使用。

总而言之，切换镜头是视频的基础技艺，拍摄过程中能否恰当地运用分镜头理念，并且熟练地掌握分镜头技法，是衡量摄像师技艺高低的重要标准之一。

（3）注意要素

①时间要素

视频画面是视频器材连续记录的结果，它表现的人和事有时间流动的特点。随时间的线性进展，画面是活动的，人物运动具有连贯性，动作是自然流畅的，在连续摄取的画面中表现的活动事物是客观真实的再现。

一般我们把视频器材连续摄取的时间长度，叫镜头时间长度或镜头时长。换句话说，只要是连续摄取的，无论画面内容有无变化，都可以视为一个镜头的概念。假如在拍摄过程中，镜头没有切断，那么即使连续拍了一个小时，也只能算作一个有一小时长度的镜头。

假如把时间精细划分到帧，画面是静止的，所有的活动都停顿了，只有形象而看不出动作，这个时候视频器材拍摄的图像就相当于一幅照片。有人把这静止的视频画面说成是图片，虽不尽准确，但为了说明画面有时间流动的特点，这样理解似乎未尝不可。大家可以利用手中已有的带视频的照相机或手机，感受一下帧和图片的概念，对于理解视频时间会有不一样的认识。

· 基本特点

首先，镜头具有再现时间的特点。镜头的时间长度是影视的特征，它再现了客观事物活动的时间。换句话说，镜头没有切断的这段时间里，画面表现的时间与事实是一比一的关系。其中任何活动我们都可以视为是真实状态。近年来，在中央电视台春节联欢晚会上，在魔术师刘谦表演的关键时刻，电视镜头连续摄录，不做切换，就是为了从镜头时间中证明人物动作的真实性和客观性。

还有一个著名的例子是法国新浪潮电影教母阿涅斯·瓦尔达导演的《五点到七点的克莱

奥》，这部于 1961 年拍摄的电影讲述了一个女歌手在等待医疗诊断结果中两个小时内的故事。导演采取了故事时间或影片时间与实际时间等长的手法，从而成功描写了主人公复杂的心理状态。这部影片不仅成为实时电影中的经典，同时也很好地说明了影片再现时间的特点。

一旦切断镜头就意味着一个拍摄的结束。它界定了这个镜头的时间长度，同时又确定了后一个镜头的起始点，为镜头组接排列提供了时间标志。如果说视频与摄影、绘画等艺术在诸方面有相通之处的话，那么镜头的时间长度就是视频自身所独有的地方。线性发展是时间的基本特性。和雕塑、摄影、绘画等静止的视觉艺术相比，影视视频表现出明显的时间特性。

其次，镜头具有时间浓缩的特点。为了反映客观事实，镜头是不是都得连续拍摄呢？答案显然是否定的。这就需要拍摄者提炼生活，把最精彩的部分提取出来，记录下来。常言道，有话则长，无话则短。

我们强调指出视频是用镜头写作的工具，写文章要有字词句段，才能成为篇章；写文章还要提炼生活，而不是照搬生活，更不能记流水账。不懂得把握镜头切断，其核心问题是不懂得镜头是影像的原材料。假如视频仅仅是全盘照实记录的话，那只要安装一台实时的监控器就可以满足所有的需求。

最后，镜头具有创造时间的特点。镜头经切断并通过组接就创造出了镜头里的时间。比如，我们出门办事，目的地离家 1 公里，出门时他走了 15 分钟，这是现实时间。我们用如下三个镜头各 3 秒钟来表现的话——出家门、走在路上、到达目的地——这样只要用 9 秒钟的镜头时间就可以实现 15 分钟的现实时间。

因此，我们说视频的真谛在于用镜头创造时间。让镜头时间更简短，而更具内涵更凝练。镜头不单是客观生活的再现，而且还要高于生活。摄像师应善于把握住镜头的时间长度，适时切断；同时还需考虑镜头在空间上的分割关系，形成一个个不同而又相互关联的分镜头，这样就可以创造出合适的镜头时间了。

· 主要作用

视觉是人类基本的感觉功能，通过眼睛获取外部世界信息。观察就是外界客观事物由于光的作用在眼球视网膜上的成像，经视神经传送到大脑皮层而形成视觉的过程。这不只是纯生理上的过程，还涉及诸多心理方面的因素。

摄像师以自己有意识的观察，在显示中获取画面信息并传达给观众，而观众则以无意观察的状态来接受。观众通常处于自由的个性空间中，他们的注意力往往是无法集中的，观看

图 13，法国导演在新浪潮电影中推动和发展了长镜头，也就是长时间拍摄的镜头。图为《去年在马里昂巴德》中的画面。

图 14，电影《五点到七点的克莱奥》是使用影片时间中的一个极端特例，它的影片长度与正常时间长度相等。

也带有很大的随意性。在观看的过程中，他们可以一边做事，一边谈话，等等。由此，摄像师应当按照这种视觉的心理规律，运用各种方法提高画面信息的传播效率，也就是信息的浓度和冲击力。

其实视频画面中的心理因素有着这样三层含义。一是画面实际占有的时间长度，也就是在屏幕上表现出的画面编辑点之间的时间跨度；二是画面所表现出的现实时间，屏幕上实际占有的时间长度可能并不完全等同于画面所表现出的现实时间，例如快动作或慢动作镜头；三是观众观看时的主观感觉的时间，这是心理上的时间，例如看沉闷的镜头，感觉时间特别长。较长时间且单调的画面会使观众产生视觉疲劳，同时也会影响他们的注意力，一般情况下会出现干其他事情或换台的选择。

在视频创作时，对现场一切景物和活动做完全记录是不必要的。摄像师的任务是通过画面传递相对完整的信息。对景物或运动有意识地进行选择和安排，可以使画面更具表现意义，使信息更凝练，更紧凑，既完整地再现了空间场景，明确地展示了事件的发展过程，又实现了创作思路，具有更为深刻的内涵。

②空间要素

视频中的空间特质并非其所独有，正如我们所述的那样，在各种三维或二维的视觉艺术中都存在着空间的概念。空间也是人类很早就学会并运用的一种物质表现对象。通过对空间的认知，我们将很多人类的情感投射在其相应的对象中，空间表示着人的社会属性和归类；同时空间对人的情感有着深刻的影响，它可以代表不同的象征意义和心理作用。

在拍摄中，摄像师其实唯一可以做到的是极力地恢复观众对空间的复原感，这是视频一直以来的一个严重缺陷。当人们通过屏幕二次获取视像时，视频器材转述的空间是一个假的和虚拟的空间，这使得人在观影时产生了一定的心理压抑。

我们在走出影院后，自我安慰地说："如果那是真的就好了。"其实这句话表明观众希望获得真实的心理，但是空间的复现技术要难于时间的复现。这种尝试始终就没有停歇，在我们成书的今天各种虚拟的 3D 技术不断涌现，它就是从技术上为人的一种真实感服务的。相信在未来的视频中，我们不仅可以获得如梦幻般的全真实境况，还能获得各种相应的触觉感。或许，那个时候人们需要为难的是，我怎么走回真实世界了。

· 基本特点

对于一个普通影像而言，拍摄中的空间要素和我们前文所提及的构图有着密切关系。我们在构图中详细分析了各种图形关系、透视对于人的视觉的还原，其实就是我们如何对空间这种要素进行拍摄和处理。在实际拍摄中，时空是相互牵扯，也是不可互分的。有时间即产生空间，反之亦然。但是很多人在拍摄初期，常常关注了时间，忘记了空间；或者着重空间的表达，却忘却了时间的叙述。这里仅仅需要指出，两者不可偏袒其一，更不可抽离一个，表现另一个。

图 15，影片的时间长度和观众观看的主观意愿有着直接关系，看沉闷的镜头，感觉时间长；看轻松的镜头，感觉时间短。

在这其中，视频器材的画框做了一个很好的界定。我们发现当画框出现某个景物或场景时，其实就是规定了一定的空间范围。在这个空间范围内的事件被视频器材所认可，走出画框的范围就是一个无效画面。在这个画框内部，空间的多少和视觉有很大关系。重要的物体占据的空间大，次要的物体占据的空间小，大小比例的关系可以由镜头、运动、场面调度等综合实现。学者们发现空间的大小暗示了一定的权利、地位、关系和导演的倾向。这是我们通常就能理解的特点，比如中国电影中英雄的高大和伟岸，与敌人的渺小和怯懦是相互对照的。

大家也常常发现，有时候拍摄者特地保持某种镜头内部的空间距离，以此来确定某种风格、吊起观众胃口等。比如，导演杨德昌的电影有一个很有趣的现象，你似乎总看不全那个你所见的主人公，有时候一个近景出现，当你需要再定睛细看时，里面的人物已经远离。这就是导演有意安排拍摄中的空间疏离来表达他的特定目的。

当然空间大小还有着不同的象征与心理意义。我们发现在很多影像中，空间大小的比例与实际物体并不构成合理的关系。比如，广告中的主体，即使一块手表，也可以和广告中的演员同等大小，这就是为了暗示这才是影像的重点。但如果是个不起眼的大物体，即使实际空间比例再大，我们也会设法将它缩小，这就是广告中的直接效应，它需要的是直白。我们在自己的作品中可以相对委婉地进行这种表达，比如在一个相对关系中可以考虑主体的空间站位等，以此来达到引导视觉和暗示心理等目的。

· 主要作用

镜头的切分原则从根本上说就是要为故事内容情节服务。镜头切分是视频的技法，其根本目的在于表现故事情节，反映作品主题。视频画面在内容表达上，主要是反映现实生活中的人和事物。在表现人物方面，视频画面首先展示人物形象和形体动作，并且与人物形成对应交流的关系。

镜头的空间切分是借助景别来体现的，景别的设计与选择必须同画面的具体内容相适应，

图 16，3D 技术是人们追求视觉空间形象的一种极致的技术，其目的就是为了达到与真实世界对接的目的。

还须考虑作品体例、节奏等因素。景别与角度的变化不但可以满足突出主体特征，引发特定情绪的要求，而且能更好地表现画面空间关系，形成视觉的美感。

通过一系列不同景别、不同角度的镜头来叙述动作事件的外部形态，这不仅可以着重于动作、形态及造型的连贯性，并且还可以注重事件内容上的有机联系。因而，直接来说，镜头中空间的连续就是拍摄者有意识的景别设计，它要求对作品进行深入理解，抓住情节的发展，突出细节。这样，视频镜头就不仅仅是一种技术手段，而且还是艺术的表现方法。

比如，电影《海上钢琴师》，我们可能记不住整个故事，但是大家一定还记得其中先后出现的两支香烟的细节，尤其是后一支香烟触到钢琴键上被点着的特写镜头，让人为画面外那个天才式的钢琴师叫绝。同样，在经典影片《四百击》中，导演特吕弗将男孩穿着高领毛衣的脸进行了放大，使之不仅成为电影海报的宣传画面，还成为影史上的一个经典画面。

③声音要素

视频画面由于声音的参与和时间的流动，具有更强的综合表现力。现代新型的视频器材所摄录的镜头，包括视频和音频两大部分，两者同步按时间线性发展。一般认为，视频就是经常说的画面，音频是现场同期声。

· 基本特点

在电视艺术表现各元素中，声音与画面是同等重要的，它们各自有其不可替代的作用。由于拍摄内容的不同，在某种特定情况下，声音甚至居于第一重要的地位。现场同期声包含人物语言和环境声。

人物语言对某些拍摄内容来说尤其重要。比如，对知名人物大段的采访，摄像师应当对被摄人物的语言特别留心，必须监听同期声。假如声音质量不好，即使画面再好，恐怕也无法正常使用。

想要满足人物语言完整的要求，单机拍摄只有一个办法，就是连续拍，其间镜头可以运动以改变景别构图。至于镜头单调和镜头动的问题，暂且放到后期编辑时通过插入后期拍摄的空镜头或反应镜头的方式或采用改变速率的办法去解决。

假如并不要求语言完整，那么也应该注意等到主体人物讲完一段话，至少讲完一句话后，镜头切在语句间隙中，以实现局部的完整性。

有些拍摄内容虽然并没有人物语言，但是现场环境声也十分重要，比如会展大厅参观人流的现场声、风光片中的鸟语蝉鸣等，都是不可或缺的。这对于表现特定环境，具有无可替代的功效。

· 主要作用

图 17，对于录音功能不强的视频器材来说，外置的录音设备必不可少。

图 18，很多时候决定一部影像好坏的根本在于声音的优劣，因此很有必要使用专门的录音器材。

关于现场声响的收录，我们尤其需要关注的是录音话筒的品质。某些指向性强的话筒，不但录音质量高而且使用效果好，它能排除掉相当部分的杂声干扰。户外使用话筒还须加装防风罩，避免风声干扰而影响录音质量。

话筒的优劣悬殊极大，当然价格差异甚大。高端话筒特别娇气，不仅怕碰，更怕摔，使用时应倍加小心，一般由副手或专门的现场录音师负责。

如果没有配置高档录音话筒，我们可以采用一些简单实用的办法，比如让视频器材离被摄人物稍近一些，或者连接延长线使用外接话筒，那么只要话筒距说话人近些，视频器材离得远些也无大碍。如果可以使用无线话筒就更好。总之，要力求同期声的音质效果良好。

使用外接话筒千万要注意，话筒连线拔出再插有可能造成接触不良，必须事先仔细而反复地调试，确认无误后开始拍摄。我们一般可以观察视频器材上的声音电平指示，或者回放一遍观察效果。此外，实拍时，我们还要注意监听收录的实效。

9.3 蒙太奇理论

蒙太奇是法文"MONTAGE"的音译，本用于建筑学，意为安装、装配、构成、组合等；后来用在电影、电视、影像的后期剪辑中，表示由两个或多组镜头组接的专门技巧和艺术方法。蒙太奇可以理解为一种视觉编排的方法。简言之，蒙太奇就是一种画面组接的专门知识。

蒙太奇理论最早被苏联电影工作者引入，并在他们的电影作品中加以应用，形成了电影史上十分著名的蒙太奇学派。其中，导演库里肖夫、爱森斯坦和普多夫金等相继探讨并总结了蒙太奇的规律与理论，使其成为画面剪辑中的一个专门学科。后世的诸多导演和编辑在他们的基础上不断创新和发展，使我们能够看到各类蔚为壮观的视觉影像。可以说，蒙太奇理论从根本上推动了整个电影的发展。

从更加宏观的角度来看，无论是画面编辑的理念、镜头组接的规则，还是蒙太奇编辑的方法等，它们都是使用某种特定技巧对影视画面进行组接的方法。

图 19，图为著名蒙太奇电影大师爱森斯坦。

（1）画面编辑

画面的编辑与合成是一项专门的艺术。它从表面看涉及技术问题，但是从深层看涉及观众的心理、拍摄者的综合修养，以及制作者的情趣、文化、政治等诸多因素。画面编辑指的是由许多画面或图样并列或叠化而成统一的影像作品；画面合成指的是制作这种组合方式的艺术形式。视频拍摄就是将一系列在不同地点、不同距离、不同角度，以不同方法拍摄的镜头画面排列组合起来，叙述情节内容，刻画描写人物的过程。

对于画面编辑合成来说，它有着以下几个基本的特点。

首先，画面编辑合成的过程是一个构思创作的过程。如同撰写文章一样，镜头与镜头由于组接而关联。这种关联因内容和创作的原因构成并列、条件、转折等画面语法关系。

其次，画面编辑合成形成逻辑关系。两个镜头组接绝不是简单的一加一等于二，而是一个创造性的过程，它产生是新的画面含义。一个个镜头并非孤立的个体，由于它们相互连接而产生内在的联系，从而形成画面语言的逻辑关系，比如整体与个体、矛盾或对立等关系。

再次，画面编辑合成产生修辞效果。镜头与镜头的组接由于逻辑思维的关联推理，使画面表述的意义产生类似于文学作品的修辞效果，如比喻、隐喻、借喻、对比等。

最后，画面编辑合成表达一些特定的意义。画面编辑合成利用镜头之间的组接技巧来表达某些特定含义，从而反映作品的主题，传达作者的意图，是影视艺术特有的创作手段。这种画面的组接技巧，一般囊括来说就是我们所指的蒙太奇。但蒙太奇并非剪辑的所有，它是一种经过提炼的、受到人们研究和使用的剪辑手段。从某种意义上说，剪辑和蒙太奇的分野比我们想象的还要小些。

（2）蒙太奇的核心

蒙太奇剪辑的核心在于编导或主创人员按文本的主题思想，分别拍成许多镜头，然后再按原定的创作构思，将这些不同的镜头有机地、艺术地组织与剪辑在一起，使之产生连贯、对比、联想、衬托悬念等联系以及快慢不同的节奏，从而主观地组成一段或一部反映特定社会生活与思想感情、为观众所理解的视觉艺术作品的过程。创作者的主观意愿、想法是其中最为根本的理念和要求。

镜头的编辑组合可以通过电脑设备来完成，熟练地操作编辑设备，使用非编软件十分重要，然而这绝不等同于理解编辑思维。对编辑设备的操作是硬件，最终的结果只是如何将镜头连接起来，这属于实际操作的问题；而画面组接的原则是软件，是头脑中的认识和想法，解决的是

图20，画面编辑合成既是一项纯粹的操作技能，又是一种涉及社会、文化、心理，以及视觉等诸多方面的综合技术。

该不该把这两个镜头接起来，接得对不对、好不好，乃至是否巧妙的问题。前者重技术，后者重理念，属于不同层面的两个问题。

在当卜的实践拍摄中，理念的创新和突破已经为大家所共识。这些恰是正确理解编导创作过程、把握画面编辑规律、获得优秀视觉作品的真谛所在。对于一名从事视觉影像的艺术工作者而言，一部好片子的灵魂就在于如何更好地掌握和运用蒙太奇手法。

（3）蒙太奇的分类

通常，蒙太奇具有叙事和表意两大功能，我们可以把蒙太奇划分为三种最基本的类型：叙事蒙太奇、表现蒙太奇、理性蒙太奇。其中，叙事蒙太奇是叙事手段，而表现蒙太奇和理性蒙太奇主要用以表意。在此基础上我们还可以对其进行更细致的划分，即叙事蒙太奇又可以分为平行蒙太奇、交叉蒙太奇、重复蒙太奇、连续蒙太奇，表现蒙太奇又可以分为抒情蒙太奇、心理蒙太奇、隐喻蒙太奇、对比蒙太奇，理性蒙太奇又可以分为杂耍蒙太奇、反射蒙太奇、思想蒙太奇等。

此外，根据法国电影理论家巴赞的观点，我们将他提出的长镜头理论作为一种特殊类型的蒙太奇样式，称为内部蒙太奇。

①叙事蒙太奇

叙述蒙太奇，其主要作用是连贯剧情，保证所叙述的故事连续、贯通、完整。其叙述方法大致有：连续式，即顺叙；颠倒式，即倒叙；平行交叉式，即并列、对照、错综；复现式，即插叙、反复；积累式，即排比、衬托，共五种。

我们理解文字的叙述概念，就能理解画面叙述中蒙太奇的概念。叙述蒙太奇使用镜头表达一种简单关系，用以说清一件事情或一个故事。

②表现蒙太奇

表现蒙太奇，其主要作用是发挥修辞作用，使作品给人们带来艺术享受。其叙述方法大

图 21，蒙太奇的核心就是对画面进行组接，并产生一定的含义。

致有：对比式，包含类比；隐喻式，包含暗示；抒情式，包含映衬、借景抒情；联想式，包含意识流想象；心理式，包含内心独白，共五种。

它相当于我们文字表达中的修辞作用，即使用镜头前后关联的办法，用以表达一种修饰的功能。

③理性蒙太奇

理性蒙太奇是指两个镜头的冲突会产生全新的思想。电影蒙太奇在产生和发展过程中，爱森斯坦、普多夫金、巴赞、让·米特里等人都对此进行了深入而全面的研究。

爱森斯坦认为剪辑是有机和辩证的。剪辑应该在一个镜头达到爆裂点（紧张程度达到极点）时才进行，一组镜头中的每个镜头应当是不完全的，只应起部分作用，而不是起全部作用，两个正反不同镜头的冲突会产生全新的思想或主题。

让·米特里对理性蒙太奇的解释是，通过画面之间的相互关系，而不是通过单纯的一环接一环的连贯性叙事来表情达意。理性蒙太奇与连贯性叙事的区别在于，即使它的画面属于实际经历过的事实，按理性蒙太奇组合在一起的事实也是带有特定主观性的影像。

④内部蒙太奇

法国电影理论家巴赞通过自身的电影实践，对苏联学派的蒙太奇提出了异议。他认为蒙太奇是把导演的观点强加于观众，限制了影片的多义性。他主张运用景深镜头和场面调度连续拍摄长镜头来摄制影片，认为这样才能保持剧情内部空间的完整性和确实的时间流程。

作为一种创作理念或观点，这种拍摄方式只能形成一段有限长度的影像，而无法完成无限长度的影片。因此，在实践操作中，电影导演等始终兼用蒙太奇和长镜头两种方法综合地从事电影创作。据此，也有人认为长镜头实际上是利用摄影机的运动和演员的内部调度，改变了镜头的范围和内容，可以视为一种镜头内部的蒙太奇，即内部蒙太奇手法。

图 22，图为影片《敖德萨阶梯》中著名蒙太奇镜头。

这种说法从一个更高的角度对蒙太奇的含义进行了迁移，实际上并未脱离蒙太奇的本意，只是将拍摄过程中演员的走位视为一种已经计划好的镜头安排，视频器材只是按照事先的意愿如实地记录下来，并保持连续性而已。

有时候内部蒙太奇也被称为无技巧转场。无技巧转场对摄像师拍摄水平的要求极高，重在安排镜头运动的路径和设计转场的方式，技艺必须娴熟精湛。在拍摄中，摄像师根据内容、情节和情绪的变化，改变角度距离且调整景别和聚焦，用一个不间断镜头完成所担负的任务。这就需要克服诸如场地、演员、灯光，乃至机位调度等困难，利用巧妙的转场使影片看上去一气呵成。

镜头内部蒙太奇被商业电影大量使用，获得了巨大的成功。这不仅是商业电影需要如此的场面调度，更是体现商业电影精致、完美和大场面的要求。其中，在早期美国电影中，奥逊·威尔斯的《公民凯恩》等是使用内部蒙太奇镜头的佳作。享誉世界的电影大师希区柯克也曾采用无技巧转场的方式拍摄电影《绳索》，共用八本电影胶片，每本胶片大约为 10 分钟，当时拍摄中途不停机换片。影片利用人物背后遮挡进行转场，用场景中的静物、门、木箱盖等物件来转场，一个长镜头连续把一本胶片用完。该片在无技巧转场及长镜头运用方面堪称经典范例。

9.4 影像节奏

节奏是指在音乐中交替出现的具有规律的强弱、长短现象。它本是音乐中的术语。在影视片中，节奏主要凭借运动、景别等视觉表现，有序地组合而成。节奏有强烈的感染力，它对影像片的基调、结构及风格的形成和体现具有很大的作用。

一般说来，节奏有快慢、强弱之别。在各类艺术作品中，我们将节奏引申为自然界或艺术作品中因运动而产生的丰富变化，它包括高度、宽度、深度、时间等多维空间内的有规律或无规律的阶段性变化等，是一种可以被认知的运动现象。通过这样的认识，我们大大扩展了节奏的定义。由于影像本身具有很强的运动属性，因此如何在这样的运动中展现某种规律或把握某种规律是制作者应该掌握的技能之一。

图 23，摄像师在现场拍摄中也要有一定的预见能力。很多时候，当我们停下视频器材时，常常会有一个更好的镜头出现。图为电影《达·芬奇密码》中的画面。

（1）节奏的内容

节奏属于整个影视作品中的一个元素，它贯穿于作品的始终。节奏直接影响作品内容的传达效果，它是影视作品不可忽视的重要组成部分，并占据相当高的地位。

节奏也是作品成功与否的一个重要因素。我们对一部作品的几个主要因素做了这样形象化的比喻：主题是灵魂，结构是骨架，材料是血肉，而节奏则是气息。

气息不可或缺，作品必须有气，节奏贯通其间，断然不可小视。因此，节奏是构成一部影视作品十分重要的部分。节奏与作品的其他诸因素浑然一体成为叙事和抒情的有机组成部分，共同来展现作品的主题，上升为美学意义上的主观表意和情绪感受。

（2）节奏的类型

节奏为作品的主题服务，节奏必须符合题材的要求。视频作品的创作题材多种多样，从大的类型上可分为两大类：社会生活内容的题材和自然界内容的题材。

不同题材的作品有不同的要求。社会生活内容的题材的作品要求具有时代性、形象性，自然界内容的题材的作品要求具有知识性、寓意性、欣赏性。

不同题材的作品，按其具体内容和创作意图的不同，对作品的节奏也有不同的要求。一般说来，表现自然界内容的题材作品的节奏可以舒缓一些；表现社会生活内容的题材作品的节奏就应当以平和的中速行进，有时甚至也可以略快一些。

采用描写抒情手法的作品，如风光片、电视散文等，其节奏多为比较缓慢而平静；采用叙述纪实手法的作品，如社会生活专题片等，其节奏多以中速为主，平实而活泼；采用议论分析手法的作品，如社会评论专题片等，其节奏多以快速为主，坚定而有力。

一般纪实类的内容，用正常的节奏，产生平稳客观的感觉；有激烈冲突的内容，用较快的节奏，造成紧张的感觉；抒情的内容，用较慢的节奏，形成松弛舒缓的感觉。

现代的影像作品和广告趋向于一种更快节奏的展现，目的是为了快速吸引消费者，增加经济效益。但是好莱坞或西方的广告制作业也开始慢慢反思这种高节奏现象，由于高节奏会带来视觉的快速疲劳，有时候并不

图 24，电影《公民凯恩》中的节奏应用堪称经典。

利于某种意念的疏导。总体来说，节奏应当与情节发展相一致，与作品的叙事结构合拍，表现作品内容并为其服务。

影片的节奏类型，可以从以下几方面分析：从视觉速度方面可以分成急促、稳健、舒缓等，从情绪感觉方面可以分成紧张、安详、欢快等，从气氛表现方面可以分成沉闷、活泼、悠扬等。

对节奏既要有宏观把握，又要有局部的处理，我们可以根据作品题材、体例的规定和画面材料的具体条件，以及作者的体验和创作愿望进行处理。各种节奏类型应当有发展、有对比、有照应地调配组织起来，共同完成对作品的表现。

图 25，图为电影《布达佩斯大饭店》中的剧照。

（3）节奏的表现

①主体运动

运动是影视画面的显著特征，记录运动、表现运动是影视艺术的主要任务。主体运动状态、速度和动作幅度对节奏的影响最明显。主体运动剧烈、速度快、动作幅度大的，则节奏强烈，如果用固定镜头来表现，效果更显著。反之，物体运动速度较慢时，表现出的节奏较弱。

当表现人物平静、抑郁或力量的积聚时，节奏需要弱；当表现人物兴奋、快乐或力量的爆发时，节奏需要强。

用固定镜头拍摄能够有效地表现运动人物，观众不仅可以看到主体人物形象，并且可以从主体运动的节奏中感受到画面情绪存在。

②视频器材运动

视频画面还可以在运动中表现物体。视频器材的运动是产生画面节奏的重要手段，可以调动观众的心理期待和情绪感受。

视频器材追随主体运动，原来不动的物体改变了透视关系，使画面活跃了起来，因而形成了视觉节奏。同时由于运动状态的不同，便可以产生不同的节奏。

图 26，节奏是影片看不见的一只大手，很显然这是一张节奏紧张的电影的海报。

由于视频器材运动，可以对画面多角度、多景别、多层次反复表现，使观众的认识更全面、更连贯、更真实，于是产生不同的情绪节奏。

视频器材采用拉镜头拍摄，画面节奏由强到弱；反之，视频器材采用推镜头拍摄，画面节奏由弱到强。

③景别与剪辑

景别的变化是产生视觉节奏、形成节奏变化的重要因素。景别是影响视觉节奏的外部形式，不同景别可以加强或削弱画面内部原本的运动节奏。

同样的动作，在不同景别的画面中呈现出不同的幅度。在大景别画面中，如远景、全景，动作的幅度显得小一些，减缓了内部运动，因而节奏慢一些；与之相反，在近景、特写等小景别画面中，动作的幅度显得大一些，加速了内部运动，节奏就快一些。摄像师应根据作品的要求，考虑节奏的轻重缓急，在拍摄时依照不同景别产生的效果做出适当安排，以期达到节奏协调的目的。

不同景别的组接形成了视觉节奏，合理地安排景别，产生有序的画面变化，形成特定的视觉节奏，是视频画面编辑的具体工作。

一般说来，相邻镜头景别的变化大，节奏快；景别的变化小，节奏慢。相邻的景别一个比一个变得更小，也称作前进式蒙太奇，视觉上有递进的感觉，产生节奏加快的效果；相邻的景别一个比一个变得更大，也称作后退式蒙太奇，视觉上有渐退的感觉，形成节奏减缓的效果。

然而，假如相邻镜头景别没有变化，人物背景又相同，那么其视觉效果就是让人感觉画面在跳帧，这就又回到前文所述的同场同景组接。

景别形成的视觉节奏受两方面影响：在拍摄时，摄像师首先考虑在技术上可以让观众看清画面内容，画面内容越多、越复杂，镜头景别就应越大，镜头时间也相对应当长一些。

其次，摄像师还要考虑在艺术上体现被摄主体的情绪以及自身的创作风格。这就需要突破画面信息传递时间的限制，可能中景或全景画面只需要较短时间，也可能近景或特写画面却需要较长的时间，以产生特定的视觉节奏。

④剪辑频率

通过后期编辑来调节作品的节奏的方法还有镜头剪辑频率、排列方式、时间长度、轴线规则和空镜头的运用等。

镜头剪辑频率越高，时间越短，镜头必然越多，节奏也就越快；反之，镜头时间长，很少剪辑，尤其视频器材用运动镜头连续跟拍，则节奏必慢。

固定镜头能显示较大的优势，镜头时间短，多切换，再加上景别变化又明显，反差大，表

图27，通常音乐片的节奏都较快。

图 28，显然记录运动物体的影像节奏会更快。

现出的节奏必定是十分强烈的。

　　镜头的时间长度，在拍摄时就应当注意。如果确定要做后期编辑，镜头可以拍得适当长一些，有利于后期挑选，也便于编辑操作。长剪短，很方便，而短想变长，就麻烦了。即使现在通过电脑非编完全有办法可以进行延宕，而加长镜头时间，不过也只可少量地加。要是加得过分，画面会表现得不正常，况且这种办法偶尔用一次可以，反复多次在一部影片中出现就非常不适宜。

　　轴线规则的运用也影响节奏。运动方向一致，人物关系对应的镜头剪辑在一起，视觉上合理，画面流畅，节奏显得平缓；违反轴线规则，观众心理上就会觉得莫名其妙，不可思议，视觉上

图 29，通过景别变化也能加快画面的剪辑节奏和视觉冲击力。

又出现跳帧的感觉。

通常情况下，如无特别的创作需求，画面剪辑应当符合轴线规则，以形成正常的情绪节奏。

画面还可以借助音频的音乐及音响来烘托现场气氛，从而使画面更加具有感染力。至于音乐对影像画面节奏的影响，那是显而易见的。众所周知，音乐节奏强弱快慢，几乎直接决定了画面的节奏，这个道理无须赘述，值得着重说明的是：

首先，音乐服从画面内容，根据已有画面寻找音乐。所选用

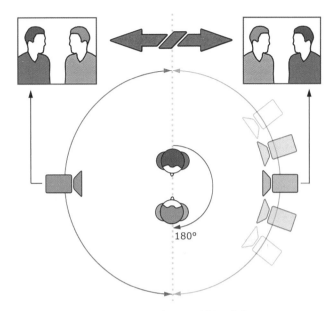

图 30，运用轴线规律可以调节剪辑的节奏。

的音乐必须与题材主题匹配，其旋律要与画面运动合韵、合拍，音乐的情绪表现应合乎作品内容的氛围，还要符合主题的精神。一言以蔽之，要合适。用音乐编辑的术语来说，就是贴切。所以大制作的电影，多会专门请作曲家为其量身定制的道理就是如此。

其次，画面照应音乐，按照音乐节拍剪辑画面。就是说在后期编辑时要倒过来，剪辑画面跟音乐走，镜头组接的编辑点，表现画面运动变化要切在音乐节拍上。换言之，镜头切换应当有板有眼，踏准脚步，这显然更需要精心制作。

最后，假如能把两者结合起来，提前考虑周全，并在正式拍摄阶段得以贯彻落实，完全按照内容主题和音乐节奏的共同需要来组织拍摄、安排镜头、完成画面，一切做到胸有成竹、信手拈来，那么这就又跨上了一个台阶，进入更高的水平。

图 31，音乐的声音节奏也可以控制剪辑节奏的快与慢。

　　此外，音乐还能对画面内容做出某种补充，对作品思想进行诠释，从而起到主题升华的作用。总之，应当调动各种手段让画面元素得以完美表现，这样才能熔视与听于一炉，使色与声浑然一体，给人以美的享受。

9.5 发布与运营

　　完成视频制作后，就要将视频作品传播出去。过去，视频的制作需要专业团队。相应地，视频的发布、传播和营销也需要专业团队。从最早的电影发行到现代的电视播出，其背后都有着庞大的技术和运营团队，为电影、电视带来充足的人气和丰厚的收入。以上均为专业领域，本文暂不涉及。我们仅对个人或小型团队完成的视频作品做一些简单的发布介绍和运营建议。

　　得益于互联网技术的发展，视频和文字、图片一样可以在大众中自由传播。曾经，视频的拍摄、制作和分享是一个十分闭合的领域，需要特定的流通场所和设备，比如电影制作、电影院、电影院线和电影播放，再比如电视节目、电视台、电视机、有限电视网等。如果再往前推，比如，写作的文学作品需要通过出版社和印刷厂传播，曲艺、音乐需要通过广播电台和收音机等传播。这些都需要特定的信息输出和信息接收形式，只有相关单位和国家才能实现。

　　而在互联网时代，这些硬件的束缚瞬间消失，人们可以跳过特定的部门和设备，自由且无限制地进行沟通。不仅如此，移动互联网的启用更使固定的两点成为移动的两点和多点。因此，视频的发布呈现出较为复杂的现实场景。

　　过去的专业视频传播是单点对多点，即一个制作方和无数的接受方；而现在的个人视频传播是多点对多点，即拍摄、发布视频的人多，而观看、接受视频的人也多。传播发布者与传播接受方呈现出"双多"的特点，视频作品无法准确地传播给需要的人，而希望接收某类信息的人也无法快速地找到称心如意的信息资源。双方均呈现出一片茫然。故此，视频发布的核心和首要原则是精准对位。

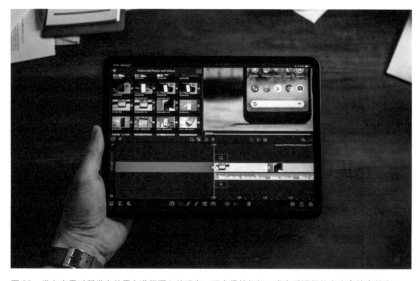

图 32，发布者需对所发布的平台进行深入的研究，研究得越仔细，发布后视频的点击率就会越高。

图 33，经常浏览和学习其他优秀、高点击率的视频，从中汲取长处，将其潜移默化地运用到自己的作品中。

在正式上传发布前，发布者需要对发布平台进行一定的研究，清楚知道该平台的热点、受众、观看习惯、多数作品的走向以及观看者的留言、趋势等各项内容。只有研究得越仔细，上线后观看的流量才会越多。

比如，发布者可以仔细分析最近平台热点视频的主要特点是什么，内容是什么，观看者的爱好是什么，并从观众的留言中揣测出这些视频成功和火热的原因；再比如，假如你是一位观众，你觉得这个视频作品好在哪里，不足在哪里，如果由你来做，这个视频哪些是可行的，有哪些是你无法达到和实现的等。

通过综合、冷静的分析，发布者可以判断出各类视频在某个阶段的某种风格、走向和模式。发布者可以学习这种内在的机制，有时候可以从简单的套用和模仿开始，坚持多做，在实践中不断打磨，改进一些小缺陷。时常把自己假设为观众，如果你观看自己的视频，你觉得需要获得怎样的信息，是休闲，是知识，是介绍，还是纯粹消磨时间等。

发布者要养成习惯，做一些记录，把好的视频收藏起来，经常看，慢慢学会其中的套路和思维方式，把这种思维方式应用到自己视频中的一个点上，再渐渐扩展到多个点上，直至视频的方方面面。

同时，发布者也要切记不要在各种平台上滥发。虽然发布得越多，点击观看的人数也越多，但带来的传播效果未必随人心意，多为无效传播对象，久而久之，则会失去更多的观众。

综上，从视频发布的结果来看，发布者要以目的导向反推视频制作的构思和过程，即明确自己视频针对的人群围绕并此做一些精准的调查，寻求拍摄的初衷。这个实操过程看似困难，且从后往前推导，实质上却是边拍边获得的结果。当前一个视频完成后，上一个视频的经验可以启发下一个视频的启动。以此循环，可以将视频的点击率越推越高。

其中还有一些小技巧：首先需要对发布平台的规则做详细了解；其次对发布视频的精度和画质做严格要求，选择合适的发布时间，不要回避平台上的热点，保留观众的留言并积极互动；

图34，运营是发布的延伸，重点在于稳住优势，减少劣势，消除常见错误，维持良性互动并适时地拓展。

最后，对自己发布的时间间隔做一个规范，定期发送，保证视频的流量。

　　实际上，无论个人或小团队，一旦对发布引起重视，视频发布后的运营也就水到渠成。运营可以视为发布的延伸。运营是自身对视频作品的传播进行分析、衡量、提升和总结的过程。重点是稳定住优势，减少劣势，消除常见错误，与视频流量保持良好的互动，吸引更多的流量并适当拓展。

　　其中大部分人或小团队会时常进入懈怠期和低潮期，此时坚持并一如既往地发布的效果要远超于创造新的想法。很多著名的视频制作者会在大热后销声匿迹，这就使此前累积的人气消失殆尽。我们应该不断地积跬步，这样虽然进展缓慢，但终会换来持续地走强。视频运营的核心就是求变，要持续地挑战自己，离开制作的舒适区，增加各种难度，对自己的作品精益求精。

图书在版编目（CIP）数据

视频实战基础 / 戴菲编著 . -- 上海：上海人民美术出版社，2022.3

（高等院校摄影摄像丛书）

ISBN 978-7-5586-2330-1

Ⅰ . ①视… Ⅱ . ①戴… Ⅲ . ①数字视频系统 – 基本知识

Ⅳ . ① TN941.3

中国版本图书馆 CIP 数据核字 (2022) 第 044521 号

高等院校摄影摄像丛书

视频实战基础

编　　著：戴　菲

责任编辑：张　瓔

审　　校：王兆煜

排版制作：施韧鸣　黄婕瑾

技术编辑：史　湧

出版发行：上海人民美术出版社

　　　　　上海市闵行区号景路 159 弄 A 座 7F

　　　　　邮编：201101

网　　址：www.shrmms.com

印　　刷：上海丽佳制版印刷有限公司

开　　本：787×1092　1/16　11 印张

版　　次：2022 年 10 月第 1 版

印　　次：2022 年 10 月第 1 次

印　　数：0001–3220

书　　号：ISBN 978-7-5586-2330-1

定　　价：68.00 元